澳洲坚果
病虫害

常金梅 ◎ 主编

U0273036

中国农业出版社
北　京

图书在版编目（CIP）数据

澳洲坚果病虫害 / 常金梅主编 . —北京：中国农业出版社，2019.7（2021.1重印）
ISBN 978-7-109-25685-9

Ⅰ.①澳…　Ⅱ.①常…　Ⅲ.①澳洲坚果－病虫害防治
Ⅳ.①S436.64

中国版本图书馆 CIP 数据核字（2019）第 137752 号

中国农业出版社出版

地址：北京市朝阳区麦子店街 18 号楼
邮编：100125
责任编辑：郭银巧　文字编辑：李　莉
版式设计：杜　然　责任校对：吴丽婷
印刷：中农印务有限公司
版次：2019 年 7 月第 1 版
印次：2021 年 1 月北京第 2 次印刷
发行：新华书店北京发行所
开本：880mm×1230mm　1/32
印张：2.25　插页：4
字数：58 千字
定价：18.00 元

编写人员名单

主　编　常金梅

副主编　詹儒林

参　编　吴婧波　柳　凤　何衍彪

　　　　　赵艳龙　李国平　姚全胜

　　　　　杨　洁

中国热带农业科学院南亚热带作物研究所

农业部热带果树生物学重点实验室

海南省热带园艺产品采后生理与保鲜重点实验室

目录

第一章

植物病虫害基础知识

第一节　植物害虫的基础知识

一、影响昆虫种群动态的因素

农业害虫是农业生态系统中的组成部分，害虫种群数量的变化不仅取决于本身的生物学特性，还与周围环境因素有着密切的联系。因此，深入研究农田生态系统，了解农业害虫种群数量变动与环境之间的相互关系，是开展害虫预测预报和害虫综合防治的基础。

（一）农业生态

生态系统是指在一定的空间内，生物成分和非生物成分通过物质循环和能量流动，相互作用，相互依存，而构成的一个生态学功能单位。生态系统不论是自然的还是人工的，都具下列共同特性：①生态系统是生态学上的一个主要结构和功能单位，属于生态学研究的最高层次。②生态系统内部具有自我调节能力。其结构越复杂，物种数越多，自我调节能力越强。③能量流动、物质循环是生态系统的两大功能。④生态系统营养级的数目，因生产者固定能值所限及能流过程中能量的损失，一般不超过 5～6 个。⑤生态系统是一个动态系统，要经历一个从简单到复杂、从不成熟到成熟的发育过程。生态系统中，各种生物之间是通过一系列的取食和被取食关系相互联系在一起，由植物开始进行能量传递，生物之间的这种传递关系称为食物链。但在生态系统中，生物之间的取食和被取食的关系错综复杂。这种关系像是一个无形的网，把所有生物都包括在内，使它们彼此之间都有着某种直接或间接的关系，这就是食物网。一般而言，食物网越复杂，生态系统抵抗外力干扰的能力就越强。

农业生态系统是人类按照自身的需要，通过一定的手段，来调节农业生物种群和非生物环境间的相互作用，通过合理的能量转化和物质循环，进行农产品生产的生态系统。它与自然生态系统相比，具有许多不同的特点。

在农业生态系统中，人的作用非常突出。种植哪些农作物，饲养哪些家禽和家畜，都是由人来决定的。人们还要不断地从事喂养、播种、施肥、灌溉、除草、治虫和收割等活动，只有这样，才能使农业生态系统朝着对人类有益的方向发展。农业生态系统的主要组成成分是人工种养的生物，它远比自然生态系统结构简单，生物种类少，食物链短，自我调节能力较弱，害虫易爆发成灾。只有清楚农业生态系统的特点和规律，创造有利于作物和天敌的生存而不利于害虫的生态环境，才能有效地控制害虫的种群数量，取得良好的经济效益、社会效益和生态效益。

(二) 影响昆虫种群变动的因素

影响昆虫种群变动的因素，依其性质可分为气候因素、生物因素、土壤因素和人为因素。

1. 气候因素对昆虫的影响　与昆虫个体生命活动及种群消长关系密切的气候因素，有温度、湿度、光、风等。

(1) 温度　昆虫是变温动物，体温的变化取决于周围环境的温度，环境温度对昆虫的生长发育和繁殖都有很大的影响。昆虫的生长发育都要求一定的温度范围。这种温度范围称为有效温区，一般为 8～40℃。其中，最适合昆虫生长发育和繁殖的温度范围，称为最适温区，一般为 22～30℃。不同种类的昆虫对温度的要求有一定的差异。

(2) 湿度和降水　水是昆虫身体的组成成分和生命活动的重要物质与媒介。不同种类昆虫或同种昆虫的不同发育阶段，对水的要求也不同。湿度主要影响昆虫的成活率、生殖力和发育速度，从而影响昆虫种群的消长。尽管湿度对昆虫发育的影响远不如温度那样显著，但是湿度的高低对昆虫的发育和种群数量也有较大的影响。有些昆虫（如稻纵卷叶螟）对湿度要求较高，湿度越大，产卵越多，卵孵化率明显增高，幼虫成活率高，发生量大。但有些昆虫（如蚜虫和红蜘蛛），在干旱的情况下，植物汁液浓度增高，提高了营养水平，更有利于繁殖，因此，在干旱的年份，蚜虫危害猖獗。降水不仅影响湿度，还直接影响昆虫种群的数量变化。春季降水有助于一些在土壤中以幼虫或蛹越冬的昆虫顺利出土；暴雨对许多初孵幼虫和小型昆虫有机械冲刷和杀伤作用；阴雨连绵，不但影响昆虫的活动取食，还会导致昆虫病害流行而使种群数量减少。

（3）光照 光的性质、强度和光周期主要影响昆虫的活动与行为，起信号作用。光的性质通常用波长表示。不同波长的光显示出不同的颜色。昆虫的可见光区，偏于短波光。很多昆虫对紫外光有正趋性，利用黑光灯诱杀害虫，就是这个道理。昆虫的昼夜活动节律就是光强度对昆虫活动和行为影响的结果。如蝶类、蝇类等昆虫喜欢白天活动，蛾类、蚊类等昆虫喜欢夜间活动。光周期对昆虫生理活动有明显的影响。如短日照，预示着冬季即将到来，对于某些昆虫越冬、滞育起信号作用。桃蚜在长日照条件下，产生大量无翅蚜，在秋季短日照条件下则产生两性蚜，并飞向越冬寄主产卵越冬。

（4）气流 气流主要影响昆虫的迁飞和扩散。如蚜虫能借气流传播到很远的地方。黏虫、稻飞虱能借助大气环流远距离迁飞。气流对大气温度和湿度都有影响，从而影响昆虫的生命活动。

2. 生物因素对昆虫的影响 生物因素包括食物因素和天敌因素。

（1）食物因素 在长期进化过程中，各种昆虫都形成了自己特定的新陈代谢形式，也就形成了昆虫特有的食性。尽管多食性昆虫的食谱范围广，但是不同食物对其生长发育及生殖力的影响存在一定的差异，其中一定有其最适宜的寄主种类。

一般情况下，昆虫取食最喜爱的植物时，生长发育快，生殖力强，自然死亡率低。当食物数量不足或质量不高时，可导致昆虫种群中的个体大量死亡，或引起种群中个体的大规模迁移。如东亚飞蝗能取食多个科的植物，但最适宜的是禾本科和莎草科的一些植物种类，取食这类食物，不仅发育好，而且产卵量也高；如果让其取食不喜欢吃的油菜，则死亡率增加，发育期延长；若饲喂棉花和豌豆，则不能完成发育而死亡。同种植物的不同器官，不同生育期，由于其组成成分差异较大，对昆虫的作用也不相同。据此，在生产实践中可采取合理的栽培技术措施，恶化害虫的食料条件，创造有利于天敌昆虫发育和繁殖的条件，有效防治害虫。

植物对昆虫的取食侵害所产生的抵抗反应，称为植物的抗虫性。植物的抗虫性机制分为避害性、抗生性和耐害性。植物抗虫性的机制是很复杂的，可能有一种或几种表现在同一植物上，有时很难划分。在了解这些机制后，才能利用植物的抗虫性来选育、选用抗虫高产的作物品种。

（2）天敌因素　以害虫作为营养物质的生物，通称为昆虫的天敌。包括昆虫天敌、昆虫病原微生物和其他有益动物。

3. 土壤因素对昆虫的影响　土壤是昆虫的一个特殊生态环境。土壤的温度、湿度、物理结构和化学特性直接影响土栖昆虫的生存、活动和分布。土壤是昆虫越冬、越夏的重要场所。生活在土壤中的昆虫，其活动会随土层深度的变化而出现较大的变化。灌水或雨水会造成土壤耕层水分暂时过多，可以迫使昆虫向下迁移或大量出土，甚至可以造成不活动虫态死亡。了解土壤因素对昆虫的影响，有利于通过各种栽培措施，创造有利于作物生长发育而不利于害虫活动、繁殖的土壤环境，达到减轻作物受害和控制害虫的目的。

4. 人类农业生产活动对昆虫的影响　人类有目的地进行生产活动，能够改造自然，使其有利于人类。例如，通过兴修水利，改变耕作制度；选用抗虫品种、中耕除草、施肥灌溉和整枝打杈等农业措施，改变昆虫生长发育的环境条件，创造不利于害虫生存而有利于天敌和作物生长发育的条件，达到控制害虫的目的。但是，人类的生产活动也可能导致害虫的发生发展。例如，有些果园不合理地施用化学农药，破坏了果园生物群落中天敌的抑制作用，而且使害虫产生了抗药性，往往引起某些害虫再猖獗；人类频繁地调运种子、苗木，可能将一些当地从未发生过的害虫调入，或者有目的地引进天敌昆虫，都会使当地昆虫组成发生变化。如葡萄根瘤蚜随种苗传入中国；澳洲瓢虫的成功引进，有效地控制了柑橘吹绵蚧的危害。由此看来，人们进行生产活动时，必须注意到对昆虫的影响，合理地改变环境，使其向着利于果树和有益生物的方面改变，达到除害兴利的要求。

二、害虫类别和虫害形成的条件

（一）害虫的类别

人们通常把害虫定义为其活动对人类利益有害的昆虫（包括螨）种类。根据害虫的成灾特点，可分为以下 3 种。

1. 关键性害虫　又称主要害虫或常发性害虫，是指在不防治情况下，每年的种群数量经常达到经济危害水平，对资源的产量造成相当损失者。如红蜘蛛、蚜虫等。

2. 偶发性害虫　指在一般年份不会造成不可忍受的经济损失，而在个别年份常因自然控制的力量受破坏，或气候不正常（如雨水偏多等），或人们的治理不恰当，致使种群数量暴发，引起经济损失的害虫。如甜菜夜蛾等。

3. 潜在性害虫　又称为次要害虫。是指作为资源消费者和资源竞争者中的大多数种类，占植食性昆虫种类的 $80\%\sim90\%$，在现行的防治措施下，其种群数量在经济阈值以下的种群平衡状态，则不会造成经济危害损失，因为它们有牢固的自然控制因素。但是，由于它们在食物网中所处的位置，如果改变防治措施或改变耕作制度，就会改变生态系统的结构，就有可能变为重要害虫。

（二）虫害形成的条件

害虫和虫害是两个不同的概念。虫害是害虫取食或产卵等行为造成农作物经济损失的受害特性。

　　农业害虫造成虫害必须具备 3 个条件：一是必须有一定量的虫源。虫源基数越多，发生危害的可能性越大。二是必须达到一定的种群密度。生态条件适宜时，虫口密度就大，只有当害虫的种群密度发展到足以造成危害农作物产量或质量的虫口数量时，才能造成虫害。三是必须具备适宜的寄主植物及其生育阶段。如果害虫发生期与寄主植物易受害期吻合，抗虫性弱，害虫就容易造成较大危害。

（三）经济阈值

　　经济损害水平指引起经济损害时害虫的最低密度。经济损害允许水平指由防治措施增加的产值与防治费用相等时的害虫密度。

　　经济阈值又称防治阈值，是指害虫的某一密度，在此密度下应采取控制措施，以防止害虫密度达到经济损害水平。

　　国内将经济阈值习惯称为防治指标。作为指导害虫防治的经济阈值，必须定在害虫到达经济损害允许水平之前采取措施，因而必须预先确定害虫的经济损害允许水平，然后根据害虫的增长曲线（预测性的）求出需要提前进行控制的害虫密度，这个害虫密度便是经济阈值。经济阈值不仅是害虫种群的函数，还受其他许多变量的影响。由于经济阈值的复杂性，建立一个令人满意的经济阈值是很困难的。当前，生产上推行的防治指标，大多是来自植物保护工作者的经验总结，或是通过测定害虫的密度与作物受害程度关系之后计算确定的。确定防治适期的原则，应以防治费用最少、防治效果最好为标准，包括防治效益高、减轻危害损失最显著、对天敌影响小、对害虫的控制作用持久等。以害虫的虫态而言，一般在低龄幼虫期为防治适期；卷叶害虫应在卵孵化盛期至卷叶之前；钻蛀害虫应在成虫盛期至幼虫蛀果之前；蚜虫、粉虱、飞虱、螨类等害虫应在种群突增前或点片发生阶段。

三、害虫防治的原理和方法

　　自从人类开始栽培农作物，人们就在不断与害虫进行斗争，尝试采用各种防治措施控制害虫危害。在斗争过程中，人们逐渐认识到，必须依据害虫防治的理论和原理来指导各种防治技术的实施，才能更好地控制害虫，保障农作物生产。在长期的防治实践和对害虫防治技术的不断探索研究中，一些传统的防治方法得到了补充、完善和发展，一些新的、现代化的防治技术也逐步形成。农业害虫的防治方法，根据作用原理和应用技术，可分为5大类，即植物检疫、农业防治、生物防治、化学防治和物理机械防治。多年生产实践证明，单独使用任何一种防治方法，都不能全面有效地解决虫害问题。在进行害虫防治实践中，坚持综合防治的原则，协调使用各种措施，进行综合防治，才能达到有效控制害虫，保障农业生产丰产、丰收的目的。

（一）植物检疫

植物检疫就是依据国家法规，对调出和调入的植物及其产品进行检验和处理，以防止病、虫、杂草等有害生物人为传播的一项带有强制性的预防措施。

植物检疫的主要任务：一是做好植物及其产品的进出口或国内地区间调运的检疫检验工作，杜绝危险性病、虫、杂草的传播与蔓延；二是查清检疫对象的主要分布及危害情况和适生条件，并根据实际情况划定疫区和保护区，同时对疫区采取有效的封锁与消灭措施；三是建立无危险性病、虫的种子和苗木基地，供应无病、虫的种苗。

根据植物检疫具体任务的不同，植物检疫可分为对外检疫和对内检疫两个方面：一是对外检疫，又称国际检疫，防止危险性病、虫、杂草随同植物及植物产品，如种子、苗木、块茎、块根、植物产品的包装材料等，从国外传入国内或从国内带到国外；二是对内检疫，又称国内检疫，防止国内原有的、局部分布的或新从国外传入的危险性病、虫、杂草的扩大蔓延，将其封锁于一定范围内，并逐步加以彻底消灭。

（二）农业防治

农业防治就是根据农业生态系统中害虫、作物、环境条件三者之间的关系，结合农作物整个生产过程中一系列耕作栽培管理技术措施，有目的地改变害虫生活条件和环境条件，使之不利于害虫的发生发展，而有利于农作物的生长发育；或是直接对害虫虫源和种群数量起到一定的抑制作用。

1. 农业防治及特点　　农业防治是传统的防治方法，随着农业生态系统理论的发展有了更充实的内容，在害虫综合防治中有着重要的地位。农业害虫是以农作物为中心的生态系统中的一个组成部分，环境条件对害虫不利就可以抑制害虫的发生发展，避免或减轻虫害；相反，则会增加害虫的危害。因此，深入掌握耕作制度、栽培管理等农业技术措施与害虫消长关系的规律，就有可能保证在丰产的前提下，改进耕作栽培技术措施，抑制害虫的来源，或改变环境条件，使其不利于害虫而有利于作物，或及时将害虫消灭在大量发生以前，从而控制害虫种群数量保持在不足以造成经济危害的水平。另一方面，还应考虑在与发展农业生产不矛盾的前提下，力求避免对已有害虫造成有利的条件，防止其有所发展，并注意杜绝新的害虫问题产生。

2. 农业防治措施　　主要包括调整耕作制度、深耕土地与晒土灭虫、科学播种、合理施肥与灌溉、加强田间管理、植物抗虫性的利用及抗虫品种的选育。植物的抗虫性就是植物对某些昆虫种群所产生的损害具有避免或恢复能力。

（三）生物防治

传统的生物防治就是利用生物或其产物控制有害生物的方法，包括传统的天敌利用和近年出现的昆虫不育、昆虫激素及信息素的利用等。

生物防治不污染环境，对人畜及农作物安全，不会引起抗药性，不杀伤天敌及其他有益生物。生物防治也存在着一定的局限性。天敌、寄主、环境之间的相互关系比较复杂，受到多种因素的影响，在利用上牵涉的问题较多，如杀虫作用较缓慢，杀虫范围较窄，不容易批量生产，贮存运输也受限制。

1. 天敌昆虫　　迄今为止，利用天敌昆虫防治害虫是生物防治中应用最广、最多的方法。天敌昆虫可分为捕食性天敌和寄生性天敌两大类。捕食性天敌昆虫防治害虫效果较好。常利用的主要有瓢虫、草蛉、食蚜蝇、食虫虻和泥蜂等。寄生性天敌昆虫大多数种类属膜翅目和双翅目，被广泛利用的主要是寄生蜂和寄生蝇。

天敌昆虫的利用途径包括：一是保护利用自然天敌昆虫。保护天敌昆虫的主要措施有：直接保护、应用农业措施进行保护和合理施用农药。二是天敌昆虫的引进和繁殖。有些害虫在当地缺少有效天敌，可从外地或国外引进，通过人工饲养繁殖，田间释放，可获得较好的防治效果。三是天敌昆虫的繁殖与释放。当本地天敌的自然控制力量不足时，尤其是在害虫发生前期，可人工繁殖释放天敌，以控制害虫的危害。

2. 昆虫病原微生物　目前，利用病原微生物防治害虫主要有两种途径：一是发挥其持续作用，将害虫种群控制在较低水平；二是使用微生物农药在短期内大量杀伤害虫。病原微生物的种类较多，有真菌、细菌、病毒、立克次体、原生动物和线虫等。

（1）细菌　能导致昆虫患病死亡的细菌较多，其中以芽孢杆菌、无芽孢杆菌、球杆菌利用最多。芽孢杆菌能产生芽孢抵抗不良环境，并且在生长发育过程中能形成具有蛋白质毒素的伴孢晶体，对多种昆虫，尤其是对鳞翅目昆虫有很强的毒杀作用，因此，国内外有关研究最多，应用也最为广泛。目前，国内外普遍应用的细菌杀虫剂是苏云金杆菌。

（2）真菌　真菌占昆虫病原微生物种类的 60% 以上，现已发现有 500 余种。真菌一般通过体壁感染，病原菌通过表皮侵入体内引起疾病；通常经风、雨水等传播。昆虫被真菌侵入致病死亡后，虫体僵硬，称为硬化病。目前，广泛应用的有白僵菌、绿僵菌和蜡蚧轮枝菌等。

（3）病毒　病毒是近年来发展较快的一个病原微生物类群，对害虫有专一性，且在一定条件下能反复感染。据报道，昆虫和螨类的病毒约 1 000 多种，其中以鳞翅目昆虫病毒最多。昆虫病毒通常分为包涵体病毒和非包涵体病毒两大类。根据病毒在寄主细胞中生长发育所处的部位，又可以分为核病毒和细胞质病毒两类，其中核多角体病毒、细胞质多角体病毒、颗粒病毒应用研究最多。

（4）病原线虫　昆虫病原线虫是有效天敌类群之一，现已发现有 3 000 种以上的昆虫可被线虫寄生，导致发育不良和生殖力减退，甚至滞育和死亡。其中，最主要的是斯氏线虫科、异小杆线虫科和索线虫科。目前，国际上研究较多的病原线虫是斯氏线虫与异小杆线虫。这类线虫寄生范围广且对寄主的搜索能力强，特别是对钻蛀性和土栖性害虫防效较好。

（5）其他病原微生物　国外对微孢子虫研究较多，在防治蝗虫中已取得很好的效果。能使昆虫致病的立克次体主要是微立克次体属的一些种，可寄生在双翅目、鞘翅目和鳞翅目的部分昆虫体内。杀虫抗生素——阿维菌素的多种品种，已成功防治多种害虫和害螨。

3. 其他有益动物　节肢动物门蛛形纲中的蜘蛛及蜱螨类中的一些种类，对害虫的控制作用已日益受到人们的重视。食虫益鸟（如大山雀、杜鹃、啄木鸟等）和某些两栖类动物（如青蛙和蟾蜍等）在捕食害虫方面也有一定的作用。

4. 昆虫不育原理及利用　利用昆虫不育方法防治害虫的技术，有人称之为"自灭防治法"或"自毁技术"。

昆虫不育性防治就是利用多种特异方法，破坏昆虫生殖腺的生理功能，或是利用昆虫遗传成分的改变，使雄性不产生精子，雌性不排卵，或受精卵不能正常发育。将这些大量不育个体释放到自然种群中，经若干代连续释放后，使害虫的种群数量减少，甚至导致种群消灭。昆虫不育的方法包括辐射不育、化学不育、遗传不育和杂交不育。

5. 昆虫激素的利用　昆虫激素的类别很多，根据激素分泌及作用的不同，可分为内激素（又称昆虫生长调节剂）和外激素（又称昆虫信息素）两大类。在害虫防治工作中，研究和应用较多的是保幼激素和性外激素。

（1）保幼激素的应用　昆虫保幼激素作为杀虫剂，多是选择昆虫在正常情况下不存在激素或只存在少量激素的发育阶段（幼虫末期和蛹期）中，使用过量激素，抑制昆虫的变态或蜕皮，影响昆虫的生殖或滞育。

（2）性外激素的应用　性外激素也称为性信息素。目前，性外激素在害虫治理中的应用，可分危害虫监测和害虫控制两大类。应用性外激素可以预测害虫发生期、发生量及分布范围，是一种有效的监测特定害虫出现时间和数量的方法。

（四）物理机械防治

物理机械防治是利用各种物理因子、人工或器械防治有害生物的方法。包括直接或间接人工捕灭害虫，或破坏害虫的正常生理活动，或改变环境条件，超过害虫接受和容忍的程度。

1. 机械捕杀　人工机械捕杀是根据害虫的栖息地或活动习性，人工或采用简单器械捕杀害虫。

2. 诱杀　诱杀主要是利用害虫的某种趋性或其他特性（如潜藏、产卵、越冬等）对环境条件的要求，采取适当的方法诱集，然后集中处理，也可结合化学药剂诱杀。包括：①趋光性的利用。多数夜间活动的昆虫有趋光性，可用灯光诱集，如蛾类、金龟子、蝼蛄、叶蝉和飞虱等。②其他趋性和习性的利用。利用害虫的趋化性也是常用的一种诱杀措施。

3. 阻隔分离　掌握害虫的活动规律，设置适当的障碍物，阻止害虫扩散蔓延和危害。例如，果实套袋可阻止果类食心虫在果实上产卵；在树干上涂胶、刷白，可防止果树等树木的害虫下树越冬或上树危害或产卵。

4. 温、湿度的利用　不同品种害虫对温、湿度有一定的要求，有其适宜的温、湿区范围。高于或低于适宜温、湿区的温、湿度，必然影响害虫的正常生理代谢，从而影响其生长发育、繁殖与危害，甚至其存活率都受影响。因此，可以通过调节控制温、湿度进行防治。

5. 其他新技术的应用 应用红外线、紫外线、X 射线以及激光技术处理害虫，除能造成不育外，还能直接杀死害虫，这在贮粮害虫上使用较多。

(五) 化学防治

化学防治就是利用化学药剂来防治害虫，也称为药剂防治。用于防治害虫的药剂叫做杀虫剂。农药除杀虫剂外，还包括防治农作物、农林产品的螨类、鼠类、病菌、线虫和杂草的药剂，以及调节植物生长和使植物的叶子干枯脱落的生长调节剂等。

化学防治在害虫综合防治中仍占有重要地位，是当前国内外广泛应用的一类防治方法。化学防治具有收效快，防治效果显著；使用方便，受地区及季节性限制较小；可以大面积使用，便于机械化作业；杀虫范围广，几乎所有害虫都可利用杀虫剂来防治；杀虫剂可以大规模工业化生产，品种和剂型多，而且可长期保存，远距离运输等优点。

同时，化学防治也存在弊端。长期广泛使用化学农药，易使害虫产生抗药性；应用广谱性杀虫剂，在防治害虫的同时，会杀死害虫的天敌，易出现主要害虫再猖獗和次要害虫上升为主要害虫；会污染大气、水域和土壤，对人、畜健康造成威胁，甚至中毒死亡。

1. 按杀虫剂的来源及化学性质分类

（1）无机杀虫剂 农药中的有效成分是无机化合物的种类，大多数由矿物原料加工而成。这类农药品种少，药效低，毒性大，已逐渐被有机农药和生物农药所取代。如砷酸钙、砷酸铅和氟化钠等。

（2）有机杀虫剂 农药中的有效成分是有机化合物的种类。依据来源可分为天然有机杀虫剂和人工合成有机杀虫剂。天然有机杀虫剂包括植物性（如鱼藤、除虫菊和烟草等）和矿物油两类。人工合成的有机杀虫剂种类很多，按有效成分又分为有机氯类、有机磷类、氨基甲酸酯类、拟除虫菊酯类和沙蚕毒素类等。有机农药具有药效高、见效快、用量少、用途广等特点，已成为使用最多的一类农药。如果使用不当会污染环境和植物产品，而且某些有机农药对人、畜的毒性极高，对有益生物和天敌没有选择性。

（3）微生物农药　用微生物及其代谢产物加工而成的农药。与有机农药相比，具有对人、畜毒性较低，选择性强，易降解，不易污染环境和植物产品等优点。如苏云金杆菌制剂、白僵菌制剂、多杀菌素和阿维菌素等。

2. 按杀虫剂的作用方式分类　农药杀虫剂的作用方式各不相同，有胃毒剂、触杀剂、熏蒸剂、内吸剂、引诱剂、驱避剂、拒食剂、不育剂和昆虫激素等。胃毒剂是一种昆虫通过消化器官将药剂吸收而显示毒杀作用；触杀剂主要是药剂接触到昆虫，通过昆虫体表侵入体内而产生作用来杀死昆虫；熏蒸剂可以以气体状态散发在空气中，通过昆虫的呼吸道侵入虫体使其致死；内吸剂一般是通过被植物的根、茎、叶或种子吸收，当昆虫取食时，药剂进入虫体造成死亡。引诱剂是将昆虫诱集在一起，以便捕杀或用杀虫剂毒杀；驱避剂是将昆虫驱避开来，使作物或被保护对象免受其害；拒食剂是昆虫受药剂作用后拒绝摄食，从而饥饿而死；不育剂是在药剂作用下，昆虫失去生育能力，从而降低害虫数量。

3. 农药的剂型　未经加工的农药叫原药。为了使原药能附着在虫体和植物体上，充分发挥药效，在原药中加入一些辅助剂，加工制成药剂，称作剂型。农药常用的剂型有：粉剂、可湿性粉剂、乳油（乳剂）、颗粒剂、水剂、种衣剂、拌种剂、浸种剂、缓释剂、胶悬剂、胶囊剂、熏蒸剂、烟剂、气雾剂及片剂等。

4. 农药的合理安全使用　合理用药就是要贯彻"经济、安全、有效"的原则，用综合治理的观点使用农药。同时，还应注意以下几个问题：

（1）根据害虫特点选择药剂和剂型　各种药剂都有一定的性能及防治范围。在施药前应根据防治的害虫种类、发生程度、发生规律和果树种类及生育期，选择合适的药剂和剂型，做到对症下药，避免盲目用药。还要注意掌握"禁止和限制使用高毒和高残留农药"的规定，尽可能选用安全、高效、低毒的农药。

（2）根据病虫害特点适时用药　把握病虫害的发生发展规律，

抓住有利时机用药，既可节约用药量，又能提高防治效果，而且不易发生药害。例如，使用药剂防治害虫，应在低龄幼虫期用药，否则不仅危害农作物造成损失，而且害虫的虫龄越大，抗药性越强，防治效果也越差。气候条件和物候期也影响农药的使用和选择。

（3）正确掌握农药的使用方法和用药量　正确使用农药，能充分发挥农药的防治效能，还能减少对有益生物的杀伤和农药的残留，减轻农作物的药害。农药的剂型不同，使用方法也不同。如粉剂不能用于喷雾，可湿性粉剂不宜用于喷粉，烟剂要在密闭条件下使用等。要按规定使用农药，不可随意增加用药量、使用浓度和使用次数。否则，不仅浪费农药，增加成本，还会使农作物产生药害，甚至造成人、畜中毒。使用农药以前，要特别注意农药的有效成分含量，然后再确定用药量。

（4）合理轮换使用农药　长期使用一种农药防治某种害虫或病害，易产生抗药性，降低农药防治效果，增加防治难度。例如，很多害虫对拟除虫菊酯类杀虫剂，一些病原菌对内吸性杀菌剂的部分品种容易产生抗药性。如果增加用药量、浓度和次数，害虫抗药性会进一步增大。因此，应合理轮换使用不同作用机制的农药品种。

（5）科学复配和混合用药　将两种或两种以上、对害虫具有不同作用机制的农药混合使用，可以提高防治效果，甚至可以达到同时兼治几种病虫害的目的，不仅扩大了防治范围，降低了防治成本，还延缓害虫产生抗药性，延长农药品种的使用年限。如灭多威与拟除虫菊酯类混用、有机磷制剂与拟除虫菊酯类混用。农药之间能否混用，主要取决于农药本身的化学性质，混用后不能产生化学变化和物理变化；混用后不能提高对人、畜和其他有益生物的毒性和危害；混用后要提高药效，但不能提高农药的残留量；混用后应具有不同的防治作用和防治对象，但不能产生药害。

（6）安全使用农药　最后一次用药与作物收割的最短间隔时间，为农药的安全使用间隔期，在间隔期内的水果不能采摘，即将采摘的果树不能使用农药。此外，还应注意对农作物无药害，对人、畜安全，对天敌无毒害作用。

（六）害虫综合治理

1. 害虫综合治理的基本概念　害虫综合治理是在总结单一防治措施局限性的基础上逐渐发展起来的。在 1975 年召开的全国植物保护工作会上，提出"预防为主，综合防治"作为中国植物保护工作的方针。1979 年，马世骏先生对综合治理的内容作了进一步的说明，提出综合治理的含义为："综合治理是从生物与环境的整体观念出发，本着预防为主的指导思想和安全、有效、经济、简易的原则，因地因时制宜，合理运用农业的、化学的、生物的、物理的方法，以及其他有效的生态学手段，把害虫控制在危害水平以下，以达到保证人畜健康和增加生产的目的。"其所蕴含的 3 个基本观点，即生态学观点、经济学观点和环境保护观点。综合治理包括以下特点：①不要求彻底消灭害虫，允许害虫在经济损害水平以下继续存在。②充分利用自然控制因素。③强调防治措施间的相互协调和综合。优先考虑生物防治和农业防治措施，尽量少用化学防治。④以生态系统为管理单位。考虑害虫、天敌和环境之间的关系，使防治措施对农田生态系统的内外副作用降至最低水平。

2. 害虫综合治理项目的组成要素　害虫综合治理项目的组成，包括以下几个要素：一是害虫的正确识别；二是了解影响害虫种群动态的因素；三是确定害虫的危害阈值和经济阈值；四是监测害虫及其天敌的种群动态；五是制订出压低关键性害虫平衡位置的方案；六是害虫综合治理方案的实施。

3. 害虫综合治理展望　自从 1967 年联合国粮农组织提出害虫综合治理的概念以来，综合治理的基础理论和实践一直在不断地发展和丰富。但在目前条件下，要全面实施综合治理策略仍有许多困难。首先，人们对生态系统的认识，包括对各组成成分的作用、相互关系等方面知识的了解还不够深入；其次，由于科研工作者、推广者和农民之间缺少及时、有效的信息沟通，使得害虫防治策略的治理技术不能及时有效传播到农民手中，发挥其应有的作用。此外，农民对害虫综合防治还缺乏必要的知识和认知水平，影响到害虫综合治理方案的实施和推广。针对这这些问题和困难，相信随着人们追求较高的生存质量及日益推崇绿色食品，环保意识的深入人心，会危害虫综合防治的实施和推广提供良好的社会基础和坚强后盾。农民知识水平的不断提高，社会对农业生产提出了更高的要求，也会促使害虫综合防治技术的推广和普及。现代科学技术的快速发展，尤其是生物技术和信息技术的发展，一定会加速害虫防治技术的发展，并使这些高科技防治技术及时应用到田间实践。同时，系统科学的理论和方法应用于农业生态系统，可以提高综合防治水平；采用模拟模型及系统分析的方法，推动害虫综合防治向更高层次深入发展，使害虫综合防治为建立优质高产的现代农业体系作出更大的贡献。

第二节　植物病害的基础知识

一、病害的流行

果树病害在一个时期或者在一个地区大量发生，并造成重大经济损失，这种现象称为病害流行。

植物病害的流行可分为两种类型。一种是单年流行病害，也称为多病程病害，指在一个生长季节中，只要条件适宜，就能完成菌量积累，并造成流行危害的病害。例如，梨黑星病、葡萄霜霉病、枣锈病、各种白粉病和炭疽病等。另一种为积年流行病害，又称为单病程病害，指病原物需要经过连续几年的菌量积累，才能导致病害流行成灾。例如，苹果和梨的锈病、柿圆斑病等。

病害有无再侵染与防治方法和防治效果有密切关系。单病程病害每年的发病程度取决于初侵染的多少，只要集中力量消灭初侵染来源或防止初侵染，这类病害就能得到防治。对于多病程病害，情况就比较复杂，除注意防止初侵染外，还要解决再侵染问题。再侵染的次数越多，防治的次数也就越多。

二、病害的预测

（一）病害预测的意义和根据

植物病害的预测预报，是根据病害的发生发展情况和流行的规律，通过必要的病情调查和相关的环境因素资料，进行综合分析研究，对病害的发生时期、发展趋势和流行危害等做出预测，并及时发出预报，为制订防治计划、掌握防治有利时机提供依据。特别是果树经济价值高，病害种类多，药剂防治的必要性和可能性也大，研究病害的测报方法就更加重要。各种病害都有不同的预测方法，但是它们的测报根据是相同的，主要包括：病害侵染过程和病害循环的特点；病害流行因素的综合作用（包括寄主的抗病性、病原物的致病性，特别是主导因素与病害流行的关系）；病害流行的历史资料（包括当地逐年积累的病情消长资料、气象资料、历年测报经验、品种栽培情况以及当年的气象预报等）。

（二）病害预测的类型

按测报的有效期限，可区分为短期预测、中期预测、长期预测和超长期预测。

1. 短期预测 时限一般在 1 周左右。主要根据天气要素和菌源情况做出预测，以帮助确定防治适期。

2. 中期预测 时限一般在 10d 以上、30d 以内。预测结果主要用于防治策略的制订和做好防治准备。

3. 长期预测 时限一般在 30d 以上至一个生长季节以内。预测结果是指出病害发生的大致趋势，需要以后用中、短期预测加以修正。

4. 超长期预测 一般是预测下一个生长季节或若干年之内病害的变化趋势。

三、病害防治策略

防治果树病害，必须认真执行"预防为主，综合防治"的植保工作方针。"预防为主"就是在病害发生之前采取措施，把病害消灭在发生之前或初发阶段。"综合防治"是从农业生产的全局和农业生态系统的总体出发，充分利用自然界因素抑制病虫和创造不利于病虫发生危害的条件，使用各种必要的防治措施，即以农业防治为基础，根据病害发生、发展的规律，因时、因地制宜，合理运用化学防治、生物防治、物理防治等措施，经济、安全、有效地控制病虫害，以达到高产、稳产的目的，同时把可能产生的副作用，减少到最低限度。

（一）植物检疫

植物检疫工作是国家保护农业生产的重要措施，它是由国家颁布法令，对植物及其产品，特别是种子和苗木进行管理和控制，防止危险性病、虫、杂草传播和蔓延。主要任务有以下三方面：一是禁止危险性病、虫、杂草随着植物及其产品由国外输入和由国内输出；二是将在国内局部地区已发生的危险性病、虫、杂草封锁在一定的范围内，避免传播到尚未发生的地区，并且采取各种措施，逐步将其消灭；三是当危险性病、虫、杂草传入新地区的时候，必须采取各种紧急措施，彻底肃清。法令或条例中规定的禁止传入和传出的病、虫、杂草，称为检疫对象。

许多植物危险性病害，一旦传播到新的地区，如果遇到适于病原物繁殖的气候和其他条件，往往造成比原产地更大的危害。这是由于新疫区的植物往往对新传入的病害没有抵抗力所致。例如，18世纪，葡萄霜霉病、白粉病从美洲传到欧洲后，曾经引起大流行。栗树干枯病由亚洲传入美洲后，也造成了毁灭性的灾害。因此，通过植物检疫，防止危险性病、虫、杂草的远距离传播，对于保护农林生产具有很大的重要性。

（二）农业防治

农业防治在果树的栽培过程中，是指有目的地创造有利于果树生长发育的环境条件，使树生长健壮，提高果树的抗病能力；同时创造不利于病原物活动、繁殖和侵染的环境条件，减轻病害的发生程度。农业防治是最经济、最基本的病害防治方法。具体措施可以包括以下几个方面。

1. 培育无病苗木　有些果树病害是随苗木、接穗、插条、根茎、种子等繁殖材料而扩大传播的。对于这类病害的防治，必须把培育无病苗木作为一个十分重要的措施。例如，苹果锈病、花叶病和枣疯病主要通过嫁接传播，因此，使用无病苗木和接穗就显得十分重要。

近年来，果树病毒病害在许多新建果园和苗圃中严重发生，这是由于不注意无毒母树的选留，大量使用带毒接穗造成的后果。因此，在严格禁止采用带毒接穗的同时，还应该加强果树病毒病鉴定技术的研究，为繁殖材料带毒情况的鉴定，提供简便易行的方法。

2. 果园卫生　果园卫生包括清除病株残体、摘除树上残留的病果、深耕除草、砍除转主寄主等措施。其目的在于及时消灭和减少初侵染及再侵染的病菌来源。对多年生的果树来说，果园病原物的逐年积累，对病害的发生和流行起着很重要的作用。因此，搞好果园卫生有明显的防病效果。例如，苹果树腐烂病等枝干病害的流行情况，与果园菌量多寡有很密切的关系。如果在果园中堆放大量修建下来的病枝或不及时治疗病疤，必然增加果园中的菌量，加重病害的流行。梨黑星病的流行与树病梢的数量呈正相关。所以，及时处理病枝，刮治病疤和早期彻底摘除病梢，可以明显减少上述病害的发生和流行。

3. 合理修剪　合理修剪可以调节树体的营养分配，促进树体的生长发育，调节结果量，改善通风透光状况，加强树体的抗病能力，起到防治病害的作用。此外，结合修剪还可以去掉病枝、病梢、病蔓、病干、病芽和僵果等，减少病原的数量。但是，修剪所造成的伤口是许多病菌的侵入门户，修剪不合理也会造成树势衰弱，有可能加重某些病害的发生。因此，在果树的修剪过程中，要结合防治病害的要求，采用适当的修剪方法。同时，必须对修剪伤口进行适当的保护和处理。

4. 合理施肥和排灌　加强水肥管理，可以调整果树的营养状况，提高抗病能力，起到壮树防病的作用。在施肥上要特别强调秋施肥。例如，在苹果秋梢停长期，采用上喷下施的方法补充速效肥料，增加树体营养积累，对于压低苹果树腐烂病的春季高峰，有比较明显的效果。对于缺素症的果树，有针对性地增施肥料和微量元素，可以抑制病害的发展，促使树体恢复正常。

果园的水分状况和灌排制度，影响病害的发生和发展。例如果树的一些根部病害，在果园积水的条件下发生较重，适当控制灌水，及时排除积水，翻耕根围土壤，可以大大减轻其危害。有些土壤传播的病害，如白纹羽病、紫纹羽病、白绢病、根癌病等，病菌可随流水传播，灌水时应注意水流方向，不使病原菌随水流到健树附近，可以避免其传播。在北方果区，果树进入休眠期前灌水过多，则枝条柔嫩，树体充水，严冬易受冻害，加重枝干病害的发生，应该适当控制灌水时期。

合理施用肥料，对果树的生长发育及其抗病性的高低，也有较大的作用。过多偏施氮肥，易造成枝条徒长，组织柔嫩，降低其抗病性。适当增施磷、钾肥和微量元素，常有提高果树抗病力的效果。多施有机肥料，可以改良土壤，促进根系发育，提高抗病性。

5. 适期采收和合理贮藏 果品的收获和贮藏是一项十分重要的工作，也是病害防治工作中必须注意的一个环节。果品采收不仅与果品的产量和品质有关，而且果品采收的适时与否，采收和贮藏过程中造成伤口的多少，以及贮藏期间的温、湿度条件等，都直接影响着贮藏期间病害的发生和危害程度。例如，苹果采收过早，贮藏场所温度过高、通风不良等引起的果品生理活动的不正常，往往使苹果虎皮病、红玉斑点病等非传染性病害发生较重。果品腐烂病菌大多是弱寄生菌，必须从伤口侵入。因此，在果品采收、包装、运输过程中造成的伤口，往往加重各种霉菌（如青霉）的发生。适期采收和一切减少伤口、促进伤口愈合的措施，都可以减轻这些病害的发生。

为了保证贮藏的安全，就必须从各个方面严加注意。例如，病果、虫果、伤果不贮藏，贮藏前进行药剂处理，推广气调贮藏，保持适宜的温、湿度等，都能减轻贮藏病害的发生和危害程度。

6. 选育和利用抗病品种 选育和利用抗病品种，是果树病害防治的重要途径之一。果树本身就具有对病害的多种免疫特性，不同的果树和品种间对病害的抗性有很大差异。因此，可对此加以利用，达到防治病害的目的。

（三）生物防治

生物防治是利用有益微生物及生物代谢产物，来影响或抑制病原物的生存和活动，从而达到减轻病害的发生程度。

自然界中有益生物及其代谢产物对植物病原物可以发生各种作用，影响病原物的生存与繁殖，从而控制植物病害的发生和发展。对病原物有害的这些生物，一般统称为"拮抗生物"。拮抗生物的作用主要有抗菌作用、溶菌作用、重寄生作用、竞争作用、交互保护作用和捕食作用等。目前，国内农业生产上已经使用的抗生素，有春雷霉素、庆丰霉素、链霉素、四环素和灰黄霉素等。在果树病害的防治上，也开始应用某些抗生素。例如，链霉素是农、医两用抗生素，对细菌性病害有较好的防治效果。

（四）物理防治

物理防治主要是利用温度、射线等物理因素，抑制、钝化或杀死病原物，达到控制植物病害的目的。热力处理是防治多种病害的有效方法。在果树病害的防治中，主要用于带病的种子、苗木、接穗等繁殖材料的热力消毒。例如，用50℃的温水浸桃苗10min，可以消灭桃黄化病毒。

一定剂量的射线处理可以抑制或杀灭病原物，用 $1.25\sim$ $1.37kg$ 剂量的 γ 射线处理桃子，可以有效防治桃贮藏期由褐腐病菌引起的腐烂。

外科手术是防治树干病害的必要手段。如治疗苹果树腐烂病，可以直接用快刀将病组织刮干净，在刮后及时涂药以提高刮治效果。

（五）化学防治

利用化学药剂保护果树不受侵染，防止病害发生的方法，称为化学防治。使用此法也比较简单，是果树病害防治中最常用的方法之一。在果树病害的化学防治中，药剂种类繁多，杀菌机制比较复杂，但原理基本上有保护作用和治疗作用。保护作用是在病原物侵入寄主植物以前，使用化学药剂保护果树或其周围环境，杀死或阻止病菌侵入，从而起到防治病害作用；治疗作用是当病原物侵入果树体内之后，在果树表面施药以杀死或抑制体内的病原物。使用化学农药主要有以下几种方法。

1. 喷雾　可湿性粉剂、乳剂、水溶剂等农药，都可加水稀释到一定浓度，用喷雾器械喷洒。加水稀释时要求药剂均匀地分散在水内。喷雾时要求均匀周到，使植物表面充分湿润。喷雾法的优点是药剂覆盖面广，速效性强。

2. 种苗处理　用药剂处理果实、种子、苗木、接穗、插条及其他繁殖材料，统称为种苗的药剂处理。许多果树病害都可通过带病繁殖材料来传播。因此，繁殖材料使用前用药剂进行集中处理，是防治这类病害经济而有效的措施。防治对象的特点不同，用药的浓度、种类、处理时间和方法也不相同。如表面带菌的可用表面杀菌剂，病菌潜藏在表皮下或芽鳞内的，要用渗透性较强的铲除剂；潜藏更深的要用内吸性杀菌剂。在果树病害的防治上，进行种苗处理的方法主要是药液浸泡。

3. 土壤处理　药剂处理土壤的作用，主要是杀死和抑制土壤中的病原物，使其不能侵染危害。在果树生产上，土壤处理一般用于土壤传染的病害，例如果树苗木立枯病、猝倒病、葡萄白腐病、苹果白绢病等病害的防治。土壤施药的方法，有表面撒粉、药液浇灌、使用毒土等。前者主要用于杀灭在土壤表面或浅层存活的病菌；后两者主要用于在土壤中分布广泛并能长期存活的病菌。在较大的面积上施用药剂成本较高，难以推广。因此，土壤药剂处理目前主要应用于苗床、树穴、根围等处土壤的灭菌消毒。

4. 其他　除上述方法外，还有其他一些杀菌剂的使用方法。例如，用浸过药的物品作为果实运输过程中的填充物等，以防止果品在运输和贮藏过程中的腐烂；用药剂保护伤口，涂刷枝干防治某些枝干病害；果树涂白，防止冻害等。

第二章

澳洲坚果虫害

澳洲坚果，又名夏威夷果、澳洲核桃、昆士兰坚果，属山龙眼科、澳洲坚果属常绿乔木，原产于澳大利亚昆士兰州东南部和新南威尔州北部南纬 25°～31°的沿海亚热带雨林。澳洲坚果约在 1910 年引进中国台湾，1950 年前岭南大学引进种植，但未形成商业性栽培。20 世纪 70 年代末，中国热带农业科学院南亚热带作物研究所陆续从澳大利亚引进一批优良品种进行繁殖推广，20 世纪 80 年代开始进入商业性栽培。澳洲坚果美味可口，营养丰富，富含不饱和脂肪酸，对防止动脉硬化具有良好作用。随着国人对澳洲坚果认识的不断加深、需求量的不断增大和生产技术的日趋完善，澳洲坚果产业得到了迅速发展，仅云南种植面积就已超过 5 000hm^2。长期以来，由于种植面积少和种植时间短，过去未发现有严重的病虫害或大面积的病虫害发生，因此，对澳洲坚果病虫害的研究与报道较少。近几年，随着澳洲坚果产业的迅速发展，种植面积不断增加以及周边生态环境和气候条件的改变，澳洲坚果的各种病虫害也随之而来，原来一些次要病虫害也可能会转为主要病虫害。

一、紫络蛾蜡蝉

紫络蛾蜡蝉，又名白蛾蜡蝉、白鸡、青翅羽衣，属同翅目、蛾蜡蝉总科、蛾蜡蝉科，是果树、经济林木的害虫。该虫分布于中国福建、浙江、湖南、湖北、台湾、广东、广西、云南、贵州等省，国外仅见日本有分布。紫络蛾蜡蝉寄主众多，适应力强，卵量大，卵孵化率高，容易暴发成灾。近年来，在中国华南和西南地区不断有紫络蛾蜡蝉危害果树和行道树的报道，其危害十分猖獗。

危害特征：紫络蛾蜡蝉以成虫和若虫吸食澳洲坚果植株嫩梢的汁液，造成寄主植物生长不良，叶片萎缩弯曲，重者枝条枯死；其若虫所排泄的白色棉絮状蜡质物，覆于枝叶表面，易诱发煤污病，影响植株的光合作用，从而引起植株长势衰弱。当该虫聚集危害时，会将蜡粉敷在枝叶或果实上，影响果树果实的外观、品质及产量，植株犹如敷上一层白色的棉絮，被风一吹就形成白絮满天飞的景象。若虫活泼善跳，多静伏于新梢、嫩枝上刺吸危害，在每次蜕皮前移至叶背，蜕皮后返回嫩枝上取食。低龄若虫多在嫩叶背面聚集取食，高龄若虫分散危害。

形态特征：成虫：体长19～21.3mm，碧绿或黄白色，被白色蜡粉。头尖，复眼圆形黑褐色。触角基节膨大，其余各节呈刚毛状，中胸背板上有3条隆脊，形状似蛾。初羽化的成虫黄白色，翅脉淡紫色（白翅型），约20d后成虫体色变为碧绿色（绿翅型）。前翅略呈三角形，有蜡光，翅脉分枝多，横脉密，形成网状，常互相连接排成一列，外缘平直，臀角尖锐突出；径脉和臀脉中段黄色，臀脉中段分支处分泌蜡粉较多，集中在翅室前端成一小点。后翅为碧玉色或淡黄色，半透明。卵：长椭圆形，淡黄白色，表面有细网纹，产在澳洲坚果树枝条上，每枝多达200～300粒，呈点阵状的几条平行纵列，每列长3～10cm，由数十个梭形刻点组成，每刻点1粒卵，略突于枝条表皮外。若虫：稍扁平，翅芽末端平截。低龄若虫体绿色，体被稀疏白色蜡丝，高龄若虫体被浓密白色絮状蜡粉，尾部末端有可伸张的白色蜡丝，张开时犹如孔雀开屏，形若白色家鸡，又名"白鸡"。

生物学特性：有群集性，成虫喜聚集停栖在寄主植物枝条上，呈"一"字形或两排"一"字形，排开取食。成虫有一定的飞行能力。初孵若虫群聚嫩梢上危害，随着龄期增长和植株枝条伸长，若虫逐渐分散，但仍3、4头成群活动，成虫、若虫均善跳跃。

发生规律：南方年生2代，以成虫在枝叶间越冬。翌年2～3

月越冬成虫开始活动，取食交配，产卵于嫩枝、叶柄组织中，互相连接成长条形卵块。第1代卵孵化盛期在3月下旬至4月中旬，若虫盛发期在4月下旬至5月初，成虫盛发期在5～6月。第2代卵孵化盛期在7～8月，若虫盛发期在7月下旬至8月上旬，9～10月陆续出现成虫；9月中、下旬为第2代成虫羽化盛期，至11月所有若虫几乎发育为成虫，但性器官尚未成熟，随着气温逐渐下降，成虫陆续转移到茂密的枝叶上越冬。

防治方法：对紫络蛾蜡蝉的防治，应采取"预防为主，综合防治"的方针，加强虫情监测，注意保护利用其天敌，在虫情大发生早期综合利用各种措施进行防治，将其控制在萌芽状态。具体措施如下：①林业措施：冬季修剪有虫枝叶和过密枝条，除杂草，减少虫源。②物理措施：在清晨露水还没有干的时候，用扫帚把成虫扫下来，用脚踩死，或是用捕虫网捕捉。③生物防治：紫络蛾蜡蝉天敌种类很多，有鸟类、蜘蛛、草蛉、瓢虫、食蚜蝇、寄生蜂、寄生菌等。保护利用天敌，创造有利于天敌生存繁衍的环境，必要时人工扩繁或人工助迁天敌予以释放，将大大降低紫络蛾蜡蝉的虫口数量。④化学防治：在若虫初孵时段，统一用药防治，可收到事半功

图2-1　紫络蛾蜡蝉危害图

倍的效果。宜在成虫产卵前、产卵初期或若虫初孵群集未分散期喷洒敌敌畏、马拉硫磷、敌百虫或稻丰散等药液。据报道,用来防治紫络蛾蜡蝉的农药有吡虫啉、毒死蜱、丁硫克百威、敌敌畏、杀螟松、敌百虫、杀虫双、杀虫单、辛硫磷、溴氰菊酯、氰戊菊酯及矿物油等。

二、茶翅蝽

茶翅蝽,又名臭椿象、臭板虫、臭妮子、臭大姐等,为半翅目、蝽科,在中国除新疆、宁夏和西藏尚未发现外,其余各省(区)均有分布。它还分布于日本、越南、缅甸、印度、斯里兰卡、印度尼西亚等地。

危害特征:茶翅蝽成虫及若虫以刺吸式口器刺吸嫩梢和果实,近年来,在中国澳洲坚果种植园危害日益严重,有时造成果园绝收,带来严重的经济损失,同时该虫以成虫和若虫危害梨、苹果、桃、杏、李等果树及部分林木和农作物,叶和梢被害后症状不明显,果实被害后被害处木栓化、变硬,发育停止而下陷。果肉变褐成一硬核,受害处果肉微苦,失去经济价值。

形态特征:成虫:茶褐色或黄褐色,体长 15mm 左右,宽 8～9mm,扁平,略呈椭圆形,体茶褐色,前胸背板、小盾片和前翅革质部有黑色刻点,前胸背板前缘横列 4 个黄褐色小点,小盾片基部横列 5 个小黄点,两侧斑点明显。初孵若虫近圆形,体为白色,后变为黑褐色,腹部淡橙黄色,各腹节两侧节间有一长方形黑斑,共 8 对,老熟若虫与成虫相似,无翅。卵:短圆筒形,顶端平坦,中央略鼓起,周缘环生短小刺毛,卵长约 0.9～1.2mm,横径约0.45mm,初产时乳白色,近孵化时变黑褐色。

生物学特性:该虫 1 年发生 1～2 代,以受精的雌成虫在果园中或在果园外的室内、室外的屋檐下等处越冬。翌年 4 月下旬至 5 月上旬,成虫陆续出蛰。在造成危害的越冬代成虫中,大多数为在果园中越冬的个体,少数为由果园外迁移到果园中。越冬代成虫可一直危害至 6 月,6 月中旬开始产卵,发生第一代若虫。成虫善飞，还具有假死性，一生中可多次交尾，可产卵 1～5 块，多产于叶背，卵块一般呈不规则的三角形，每块卵多为 28 粒，也有 27 粒、26 粒、14 粒的，平均约 20 余粒，卵期 4～5d。有部分雌虫可孤雌生殖。若虫分 5 龄，若虫期约 49d，孵化后，1 龄若虫伏在卵壳周围不食不动，2 龄若虫前期也不动，以后逐渐扩散危害，3 龄若虫非常活跃，可在危害部位爬行，刺吸取食。在 6 月上旬以前所产的卵，可于 8 月以前羽化为第一代成虫。第一代成虫很快又可产卵，并发生第二代若虫。而在 6 月上旬以后产的卵，只能发生一代。在 8 月中旬以后羽化的成虫均为越冬代成虫。越冬代成虫平均寿命为 301d，最长可达 349d。于 8 月中旬后出现在园中，危害后期的果实。9 月下旬以后当年成虫陆续飞向房屋、石缝及其他场所潜伏越冬。

防治方法：茶翅蝽的防治，应采取"预防为主，综合防治"的方针，加强虫情监测，注意保护利用其天敌，在虫情大发生早期综合利用各种措施进行防治，将其控制在萌芽状态。

（1）减少虫源　冬春期间，结合积肥清除果园边及附近杂草，减少越冬虫源。

（2）人工捕杀　可利用其假死性，针对危害严重的树进行震树捕杀；利用成虫在早晨和傍晚飞翔活动能力差的特点，以及在成虫越冬前和出蛰期在墙面上爬行停留时进行人工捕杀；成虫产卵期，查找卵块摘除。

（3）生物防治　主要利用天敌防治。椿象类的寄生性天敌主要有沟卵蜂、角槽黑卵蜂、蝽卵金小蜂、平腹小蜂、蝽卵跳小蜂，捕食性天敌主要有小花蝽、虎斑食虫虻、白头小食虫虻、大食虫虻、捕食性蜘蛛、猎蝽、草蛉等。

（4）化学防治　茶翅蝽对多种药剂敏感，化学防治的关键问题主要是防治关键期的选择。①掌握每年第 1 代成虫活动期，用 90%敌百虫 700 倍液喷雾，可有效降低产卵量。②若虫盛发高峰期，在若虫 1 龄、2 龄期，其群集在卵壳附近尚未分散时用药，可用菊酯类（溴氰菊酯、氯氰菊酯等）农药 2 000～3 000 倍液喷雾；

花谢后小果期、果实膨大期，直至 6 月中旬坚果种壳木栓化，可用 48％乐斯本乳油 1 000 倍液或 10％吡虫啉可湿性粉剂 1 500 倍液或阿维菌素 1 500 倍液喷雾。15～20d 一次，轮换用药。

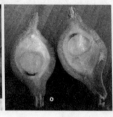

图 2-2　茶翅蝽危害图

三、坚果环蛀蝙蛾

坚果环蛀蝙蛾，属鳞翅目、蝙蝠蛾科、长腹蝙蛾属，是澳洲坚果新记录的重要害虫，在盈江地区的杉木上也发现有该虫危害，其危害症状和坚果树上的一致。

危害特征：澳洲坚果环蛀蝙蛾以幼虫环蛀澳洲坚果苗木和幼树茎基部皮层，在树基部土层以上至树基部 5～10cm 的皮层范围危害，先于皮层环蛀，导致皮层全部环形蛀光后蛀入木质部，并将木屑和粪便排出蛀洞外包围枝干，使坚果树养料和水分运输阻断，坚果树死亡。该虫还环蛀苗木距地面 30cm 以上的茎干和接穗，使茎干枯折。有报道显示 1998—2000 年思茅澳洲坚果苗圃中，苗木受害率为 0.3％～0.4％，个别苗床达 15％。果园幼树受害率为 4.5％～5.6％。勐腊县勐捧农场 128hm² 果园幼树累计受害死亡达 2 000 株以上。在盈江地区主要是以幼虫危害坚果幼龄树和苗圃 2 龄及以上苗木，在大田生产中主要危害植后第二年的幼龄树，植后 3 龄以后危害较轻也较少。

形态特征：澳洲坚果环蛀蝙蛾幼虫长 3.5cm，筒圆形，棕褐白色相间色带；头部半圆形，黑褐色，头顶有脊状隆起皱纹。胴部各节背面具 3 个深褐色瘤突，呈"品"字形排列。胴部有棕褐色瘤状突起。

生物学特性：环蛀蝙蛾在云南省1年发生1代，以卵在土壤里或以幼虫在根茎部的蛀道内越冬，翌年3～4月化蛹，4～5月羽化，交尾后产卵于茎干基部表皮及附近的浅土层，孵化后幼虫蛀入寄主植物茎基皮层作环状啃食危害。5月中、下旬幼虫开始蛀入，9～10月之后蛀入木质部，或时而从木质部蛀道爬出啃食皮层。

防治方法：

（1）在冬季清园时的防治　把受虫害致死的幼树挖出烧毁，以灭杀其中的幼虫和蛹；同时，对树盘土壤松土后撒入5％特丁磷颗粒剂（地虫灵）盖草，也可灭杀幼虫和蛹。

（2）使用涂白剂防治　在10月冬季清园时或3～4月环蛀蝙蛾化蛹期用树干涂白剂涂白树干及根部，可有效抑制成虫产卵在坚果树上，具体配方为：生石灰4～5kg、食盐0.5～1kg、50～60℃的水30kg。注意：主干涂白时应连根茎交界以下3～5cm处也要涂白。可扒开根茎交界处土壤，对根茎交界以下3～5cm根茎进行涂白。

（3）化学防治方法　①在4月澳洲坚果环蛀蝙蛾化蛹期，用40％氧化乐果800倍液喷雾澳洲坚果树干和根部（根茎交界以下3～5cm左右覆盖土层处），氧化乐果每15d喷1次，每月2次；②在5～6月上旬幼虫危害期，80％敌敌畏乳油800～1 000倍液喷雾澳洲坚果树干和根部，杀死幼虫。

（4）使用黑光灯防治　4～5月环蛀蝙蛾化蛹羽化交尾产卵时，在坚果园放置黑光灯，能获未产卵的雌蛾，可有效减少害虫繁殖后代，减少虫口密度。黑光灯具有使用方便，成本低，对人、畜无害，减少化学防治产生污染的优点，但有时也会伤害天敌。

（5）加强检疫工作　在引进和外调苗木时，林业检疫部门应进行严格检疫，对不合格苗木不予出具检疫证明材料。在口岸和检查站，对没有检疫合格手续的苗木予以查扣，以控制害虫随苗木传播。

四、粉蚧

粉蚧对澳洲坚果的危害最初在云南盈江县被发现，据报道，粉蚧危害澳洲坚果始见于 2005 年，开始仅在个别果园零星发生，以后逐年向周边扩展，蔓延至整个基地。

危害特征： 该虫在幼树、成年树和苗木上均能发生危害，以成虫、若虫吸食汁液，常以数头至数十头群聚在澳洲坚果的幼芽嫩叶和果蒂周围汲取汁液危害，造成枝间缩短，叶片变小、扭曲变形，生长停滞，小果脱落，果实品质变差。其分泌物还会诱发煤污病，污染叶片和果实，影响光合作用从而影响果树生长，导致树势衰退，不能正常开花结果。

形态特征： 粉蚧雌雄异形。雌成虫：椭圆形，长 3～4mm，肉黄色或淡红色，虫体柔软，体背覆盖白色蜡粉，虫体边缘有多对白色粗短蜡刺，从头至腹渐长，以腹末 1 对最长，无翅；卵：椭圆形，淡黄色，藏于蜡质的棉絮状卵囊内。若虫：体形与雌成虫相似，淡黄色，初孵时体表无蜡粉和蜡刺。

生物学特性： 若虫爬动较快，活动力强，固定取食后开始分泌白色粉状物覆盖在体背，边缘形成蜡刺，活动力减弱。雌虫产卵前先固定虫体，分泌白色蜡质形成棉絮状卵囊，卵产在卵囊中。5 月上、中旬开始危害，7～8 月形成危害高峰，9 月虫口密度开始减退，10 月基本消失。若虫孵出后，常以数头至数十头群集在嫩梢幼芽和果蒂周围取食危害。主要危害夏梢和早秋梢及果实，春梢一般很少受害。

防治方法：

（1）加强检疫工作 澳洲坚果粉蚧近距离传播主要靠风、蚂蚁搬运及若虫的爬行传播，远距离传播是通过接穗和苗木的调运传播。因此，对新建果园和未发生区域，要严格做好检疫工作，对调入的苗木、接穗要严格检疫，避免通过苗木或接穗带入虫源。在已发生虫害区域种植也要加强对苗木的检查，剪除虫害枝条，清除虫源，并进行消毒处理，避免苗木带虫种植。

（2）农业防治　加强肥水管理，不偏施氮肥，实行配方施肥，增强树势，提高抗病能力；合理修剪，保持树冠通风透光，及时剪除受害枝条并集中烧毁；清除林间寄主；树干涂白，消灭越冬虫源。

（3）生物防治　粉蚧的天敌较多，有捕食性天敌、寄生性天敌和致病性微生物。捕食性天敌主要有鞘翅目瓢虫科的宽纹纵条瓢虫、宽缘唇瓢虫、澳洲瓢虫、纤丽瓢虫、厚缘四节瓢虫、孟氏隐唇瓢虫、长斑弯叶毛瓢虫、黑背毛瓢虫等；脉翅目的彩角异粉蛉、晋草蛉、亚非草蛉、全北褐蛉等。寄生性天敌主要有橙额长索跳小蜂、克氏长索跳小蜂、指长索跳小蜂、粉蚧长索跳小蜂、泽田长索跳小蜂等；此外，微生物中的部分座壳孢能对介壳虫起致病作用。少用或不用广谱性杀虫剂，以利于对昆虫天敌的保护。

（4）化学防治　化学防治仍然是目前有效的防治手段。坚果园冬季用松碱合剂16～18倍或95％机油乳剂100～200倍进行清园（两者不能混用），消灭越冬虫体，减少虫口基数。其他生长季节用药参考其他果树粉蚧防治方法，关键抓好若虫期的防治，成虫后背部有蜡质，药物难以渗透。在若虫初孵期与盛孵期用25％扑虱灵可湿性粉剂1 500倍、3％啶虫脒乳油3 000倍、10％吡虫啉可湿性粉剂2 500倍或1.8％阿维菌素乳油2 500倍喷施防治。

五、澳洲坚果蛀果螟

荔枝异形小卷蛾，属鳞翅目、卷蛾科，异形小卷蛾属，别名荔枝小卷蛾、黑点褐卷叶蛾，台湾称之为粗脚姬卷叶蛾。澳洲坚果产区称之澳洲坚果蛀果螟、澳洲坚果蛀心虫，是荔枝、澳洲坚果的重要害虫。该虫还危害杨桃、肉桂、雨树、腊肠树、黄蝶木、罗望子等。在景洪、思茅、耿马、临沧、永德、盈江等县、市均有分布。

危害特征：幼虫危害嫩梢，钻蛀果实。通常一果一虫，偶见有一果2虫、3虫。初孵幼虫危害果实表皮，2龄后在果实中钻洞取食，当果壳未硬化时，幼虫钻过果壳进入种仁，果壳硬化后，幼虫常局限于果皮中蛀食，有的也蛀过果壳取食种仁，特别是薄皮薄壳或已受其他害虫危害的果实。幼果受害后造成严重落果，成熟果实受害后引起果仁品质下降，商品率降低。该虫在果实的整个生长期均可危害，是澳洲坚果产区危害最严重的害虫之一。据报道，在有些园区，该虫的危害愈来愈严重，例如，1993 年，在一个 15 年生的约 4hm^2 的果园中，发现澳洲坚果蛀果螟只是零星发生，但以后逐年严重，到 1995 年，对不喷药树危害率达 40.6％，按单株正常产量 6kg 计，每 66.67m^2（25 株）损失壳果约 60.9kg，合人民币约 4 000 元（按 70 元/kg 计）。1999 年云南省思茅地区首次报道发生此虫危害，结果树受害率 14.6％，果实被蛀率 4.6％；2000 年耿马、景洪、永德、瑞丽等县市的中、幼龄坚果园相继发生此虫危害，平均受害率为 5.6％，平均果实被蛀率 1.2％。被害果实的果面有一小撮凝结的木粉和粪粒，将凝结的木粉和粪粒拨开，即见一个直径 0.8～1.0mm 蛀孔，剖开受害果实，可见褐色粉状物和粉红色幼虫 1～2 条。

形态特征：成虫：暗褐色，体长 6.5～7.5mm，翅展 16～23mm。雄蛾较小，色泽较淡，头顶有一束疏松的褐色毛丛，触角丝状，前翅黑褐色，外缘较直；后足胫节被褐色疏松长毛，中、端部各有一对距；前翅后缘具深褐色纵带；后足胫节和第 1 跗节具黑、白、黄三色相间的细长浓密鳞毛。雌蛾前翅近顶角处有深褐色斜纹，后缘有一个外围灰白色边带的近三角形黑斑。卵：卵粒椭圆形（状如蚧壳虫），初产时乳白色，孵化前变为红色，大小约 1.0mm×0.8mm，常单产于绿色的果皮（更喜欢在已受其幼虫危害过的果上）、花序梗上，有时也产于树冠各部位上；幼虫：末龄幼虫体长 12～13mm，宽 2.5～3.0mm，背部粉红色，腹部淡白色，头和前胸背板褐色；蛹：长 10.5mm，宽约 2.8mm，被蛹，有椭圆形丝质薄茧，腹部第 2～7 节背面的前、后缘各有一列刺状突，第 8、9 节的刺突特别粗大，第 10 节背面具臀棘 3 条，肛门两侧各 1 条。

生物学特性： 在福建地区 1 年发生 4～5 代，以幼虫在果实或枝干表皮缝隙中结茧越冬，翌年 3 月老熟幼虫在化蛹前 2～3d 进入树皮裂缝或果树周围附近的杂草荫蔽处，结茧化蛹，也有在被害的果实和嫩梢内化蛹。3 月下旬至 4 月初羽化。成虫昼伏夜出，有趋光性，卵产在叶片或果皮上。从卵初产到成虫羽化约需 5 周。卵孵化需 4～6d，幼虫发育需 3～4 周，蛹期 8～10d，后成虫羽化。在较低温地区，该虫完成一代所需时间更长。卵初产至找取食点需 24h，但在已受害的果实上常可很快定居下来；低龄幼虫在不同品种上其存活率高低不同，这可能是外部的绿色果皮对幼虫钻入的抗性不同所造成的。老熟幼虫在化蛹前 3d 或者 4d 作茧，并在洞出口处用不显眼的垂下物封口，化蛹可在受害果仁或果皮内，也可在树中或远离树的其他荫蔽处。羽化时 2/3 的蛹移出茧，成虫羽化后留下蛹壳。

防治方法：

（1）农业防治　结合果园管理，剪除虫害凋萎枝梢，清除虫害落果，杀灭幼虫和蛹。

（2）药剂防治　出现虫害的果树应及时用 20％速灭杀丁乳油 1 500～2 000 倍液，或 48％乐斯乳油 1 000～1 500 倍液或 40％氧化乐果乳油 1 000 倍和 80％敌敌畏乳油 1 500～2 000 倍的混合液喷雾防治；或直接用 0.9％百虫灵粉剂喷粉防治。另外杀灭菊酯、敌百虫和马拉硫磷均有显著防效，考虑到长期使用一种农药会产生抗药性，故推荐在实际中药剂轮流使用，会达到较好的防效。

（3）生物防治　注意保护天敌，控制害虫。荔枝异形小卷蛾的天敌有寄生性小茧蜂、姬蜂。

（4）害虫检疫　美国夏威夷等地区以 250Gy‐γ 射线、49℃热水处理作为荔枝异形小卷蛾的隔离检疫措施。

六、橘二叉蚜

橘二叉蚜，又名茶二叉蚜，属同翅目、蚜科、声蚜属的一种昆虫，是目前云南省澳洲坚果的主要害虫之一。该虫除危害澳洲坚果外，还危害柑橘、咖啡、可可、胡椒、芒果、荔枝、龙眼、西番莲、茶树。在景洪、勐腊、勐海、河口、思茅、瑞丽、耿马、永德、盈江等地均有发生。

危害特征：该虫以刺吸式口器刺吸嫩梢、花序、幼果的汁液，致使嫩叶卷缩畸变，花蕾幼果焦枯。该虫在云南热区周年发生危害，据报道，1996—2000 年，对景洪的澳洲坚果幼树的月均危害率情况为：冬季 12 月、1 月、2 月分别为 17.78%、5.27%、15.9%；春季 3、4、5 月分别为 14.04%、4.41%、0.57%；夏季 6、7、8 月分别为 2.0%、13.86%、6.8%；秋季 9、10、11 月分别为 6.98%、23.5%、13.8%。年平均危害率 1996 年为 2.16%、1997 年 6.75%、1998 年 12.86%、1999 年 17.4%、2000 年 5.9%。开花季节的 2～3 月，花序受害率为 11.5%～16.0%，被害指数为 3.4%～4.8%。

形态特征：橘二叉蚜，孤雌生殖，有无翅和有翅 2 种类型。无翅胎生雌蚜型成虫体长 2.0mm，近卵圆形，暗褐至黑褐色，胸腹部背面具网纹，足暗淡黄色。卵长椭圆形，黑色有光泽。若虫与无翅胎生雌蚜相似，体较小，1 龄体长 0.2～0.5mm，淡黄至淡棕色。胸部和腹部的背面有网状纹；有翅型成虫体长 1.6mm，翅展 2.5～3.0mm，黑褐色，具光泽，触角暗黄色，翅无色透明，第 3 节具 5～6 个感觉圈，前翅中脉分二叉，触角蜡黄色，腹部背面两侧各有黑斑 4 个，呈纵行，腹管黑色长于尾片。

生物学特性：该虫 1 年发生 7～8 代，正常气候条件下，一般无翅孤雌生殖，秋天繁殖最快，对寄主危害率较高；如气候异常（雨水过多或过于干热）则会产生有翅孤雌生殖，迁往别的作物或枝条继续繁殖危害。当虫口密度逐渐增大时，无翅孤雌也会产生有翅型成虫迁飞。

防治方法：

（1）剪除有越冬虫卵的冬梢。

（2）化学防治　每年 2～3 月，新梢或花序虫害率达到 5.0% 以上时，可用 40%氧化乐果乳油 1 500 倍液，或 2.5%敌杀死（溴氰菊酯）乳油 2 500 倍液，或 20％速灭杀丁乳油 2 000～3 000 倍液或 25％喹硫磷乳油 500～1 500 倍液进行喷雾防治。报道显示用 40％氧化乐果乳油 1 500 倍液对橘二叉蚜危害严重的嫩梢或花穗喷雾，施药 1 次就有效控制了虫害，并无药害现象。

（3）生物防治　提倡喷洒 26 号杀虫素 50～150 倍液，气温高时用低浓度，气温低时适当提高浓度。要注意保护利用天敌昆虫，必要时人工助迁麦田瓢虫，可有效地防治橘二叉蚜。橘二叉蚜的天敌有双带盘瓢虫、细缘唇瓢虫、狭臀瓢虫、六斑月瓢虫、白斑猎蛛等天敌，对果园的橘二叉蚜有很大的抑制作用。因此，在虫害发生过程中，果园出现大量天敌时，不宜再作化学防治，以免误伤天敌。

七、网纹盔蜡蚧

网纹盔蜡蚧，属同翅目、蜡蚧科，是热带作物最为常见的重要害虫。在云南多见危害澳洲坚果、油棕、椰子、胡椒、咖啡、橡胶等。该虫目前分布于景洪、勐腊、勐海、永德和思茅等地。

危害特征：澳洲坚果幼树受害后，部分枝梢节距缩短，叶片变小，叶蓬畸变，满布黑色煤烟层。1996 年 6 月 28 日在景洪初见报道该虫危害澳洲坚果幼树，且在 1996—2000 年，该虫对中、幼龄澳洲坚果树的月均危害率：冬季 12、1、2 月分别为 3.1％、0、1.3％；春季 3、4、5 月分别为 2.0％、4.8％、12.0％；夏季 6、7、8 月分别为 16.7％、14.2％、10.8％，秋季 9、10、11 月分别为 9.0％、12.6％、8.4％。年均危害率逐年加重，1996、1997、1998、1999 年分别为 2.9％、8.0％、8.8％、10.1％；由于 1999—2000 年冬低温的影响，2000 年危害率降至 5.1％。

形态特征：雌成虫体呈卵圆形，左右不对称，背面略为隆起，有很多圆形、椭圆形或多角形的网眼。

生物学特性：在西双版纳 1 年发生 5～6 代，以雌成虫在寄主枝叶间越冬，翌年 3～4 月越冬雌成虫产卵于腹下，孵化后的若虫从雌成虫的腹下爬出，沿着叶片的主脉和边缘爬行或借助蚂蚁携带传播，扩散危害。夏、秋湿热季节是此虫的盛发期。

防治方法：

（1）有目的有选择性地使用农药，防止盲目滥施，伤害天敌。当虫口密度迅速增大或嫩梢虫害率迅速上升时，应用40%氧化乐果乳油1 500倍液或50%甲基对硫磷1 000～1 200倍液，对受害比较严重的枝叶喷施。

（2）园边种绿篱，行间间作，为各种天敌营造一个良好的生态环境。

（3）引入天敌。常见的天敌有喜马拉雅隐势瓢虫、双带盘瓢虫、细缘唇瓢虫、七星瓢虫等，控制其繁殖和传播扩散。

八、大蓑蛾

云南危害澳洲坚果的蓑蛾有大蓑蛾、小蓑蛾、茶蓑蛾、散线蓑蛾、蜡彩蓑蛾、白囊蓑蛾、碧皑蓑蛾等，但以大蓑蛾最为常见，危害严重时，果树树冠一片枯黄，是云南省澳洲坚果主要害虫。该虫还危害芒果、咖啡、柑橘等。目前，在景洪、勐腊、勐海、思茅、河口、江城、昌宁、芒市、瑞丽、盈江、永德、耿马等地均有分布。

危害特征：该虫以幼虫在枝叶上吐丝编织蓑状护囊而隐匿其中，负囊自由移动啮食叶片，被害的枝叶枯黄、破碎。报道显示，7～8月是虫害危害盛期，7～8龄的中龄结果树平均受害率高达80%，3～4龄的幼树平均受害率为13%。

形态特征：雄成虫体长15～17mm，翅展36～44mm，黑褐色，前翅近外缘处有4～5个半透明斑，前缘和后缘黄褐色。雌成虫体长25mm，无翅，头黄褐色，胸、腹部为黄色，遍体疏生茸毛。卵椭圆形，淡黄色。幼虫体长25～40mm，头部暗褐色，胸部黄褐至灰褐色并有赤色纵带，腹部灰褐至灰黑。雄蛹长20～22mm，暗褐色，翅芽等附肢突出。雌蛹长30mm，蛆状，红褐色。末期护囊体长40～60mm，纺锤形，囊外附有较大的碎叶片和零散的枝梗。

生物学特性： 在云南热区 1 年发生 1 代，以老熟幼虫在护囊内越冬，翌年 3～4 月越冬，幼虫在护囊内化蛹，4 月中旬以后羽化雄虫陆续爬出护囊与雌成虫交尾，交尾后的雌成虫即在护囊内产卵。4 月下旬至 5 月中、下旬为交尾和产卵盛期，卵产后 5～7 天孵化。6 月上旬以后，孵出的幼虫陆续从雌护囊内爬出，分散在叶片，吐丝连缀编织竖立的圆锥形护囊，幼虫即在负囊内啮食叶肉，受害叶片呈个个相连的圆形枯斑。受害严重果树的树冠呈一片枯黄。

防治方法：

（1）结合冬季园地管理人工摘除护囊。

（2）在 7～8 月害虫幼龄期，枝梢平均受害率＞5％时，用 90％敌百虫晶体 1 000～1 200 倍液或 80％敌敌畏乳油 1 500 倍液或 50％杀螟松乳油 1 500 倍液进行单株喷射挑治控制虫害树，但对害虫护囊喷药一定要达到充分湿润。

（3）保护天敌 不宜全园喷射杀虫剂，以最大限度地保护天敌。越冬幼虫受伞裙追寄蝇的寄生抑制。据报道，当前一年大蓑蛾越冬幼虫被伞裙追寄蝇寄生的死亡率为 15％时，澳洲坚果树平均受害率为 80％；而当前一年大蓑蛾越冬幼虫被伞裙追寄蝇寄生的死亡率达 95％时，澳洲坚果果园不会出现大蓑蛾危害。

九、咖啡豹蠹蛾

咖啡豹蠹蛾，属鳞翅目木蠹蛾科，是典型的钻蛀性害虫。除危害澳洲坚果外，还危害咖啡、苏木、油梨等。广泛分布于景洪、勐腊、勐海、思茅、河口、昌宁、瑞丽、盈江、潞西、永德、耿马等地。

危害特征： 在云南热区，该虫对澳洲坚果苗木或幼树的危害率为 3％～4％，最严重的果园可达 12％以上。据报道，在景洪 5、6、7 月果树平均受害率分别为 4.06％、0.98％、0.25％；9、10、11 月平均受害率分别为 1.40％、0.33％、0.74％。受害部位有圆形蛀孔及害虫的颗粒状粪粒。

　　形态特征：成虫雌虫体长 18～20mm，翅展 40～46mm；雄虫体长 11～15mm，翅展 34～36mm。虫体灰白色，具蓝黑色斑点。触角黑色具白色短绒毛，雌蛾触角丝状，雄蛾触角羽状。胸部具白色长绒毛，中胸背板两侧有 3 对蓝黑色圆斑。翅白色，翅脉间密布大小不等的蓝黑色短斜斑纹，后翅外缘有 8 个近圆形蓝黑色斑点。腹部被白色细毛，各节背面有 3 条蓝黑色纵带，两侧各有一个圆斑。足被黄褐色和灰白色绒毛，胫节及跗节有青蓝色鳞片覆盖，雄蛾前足胫节内侧着生一个比胫节略短的前胫突。卵椭圆形，杏黄色或棕褐色，长 0.9mm，宽 0.6mm，常见数十粒成块状黏在枝梢或叶片上。成熟幼虫体长 30～32mm，头部橘红色，头顶、上颚及单眼区黑色，胴部淡红色，前胸盾板、臀板黑色，前胸盾板近后缘中央有刺突 3～8 列，中胸至腹部各节有横列的黑褐色小颗粒突起，突起顶生有白毛一根。蛹长圆筒形，雌性蛹长 16～18mm，雄性体长 15～19mm，红褐色，顶部有一尖突，色较深，腹部 3～9 节有小刺，末端有 6 对臀刺。

　　生物学特性：该虫 1 年发生 2 代，即越冬代和夏、秋代。越冬代和夏、秋代的成虫分别于 4～6 月和 8～10 月交尾产卵。卵常产于苗木、幼树的嫩梢上或腋芽处，多聚集成块状或链条状。孵化后的幼虫从腋芽处蛀入茎枝向上啮食，幼龄幼虫蛀食新梢，中龄以后转移蛀入茎干或较粗大的枝条，导致茎干折断。5～7 月和 9～11 月分别是夏秋代和越冬代虫新蛀入或转移再蛀入澳洲坚果树的盛期，也是幼龄果树被害率较高的时期。

　　防治方法：

　　（1）加强管理，及时剪除或砍除被害茎干和枝条，杀灭幼虫。

　　（2）在 4～6 月和 8～10 月害虫羽化和成虫出孔、交尾、产卵的时期，用灯光人工诱杀成虫。

　　（3）在 4 月下旬至 8 月下旬以后卵粒开始孵化，幼虫陆续扩散的时期，应用 80％敌敌畏乳油 1 500 倍液喷射虫害枝叶，控制害虫扩散危害。

　　（4）保护天敌，幼虫在蛀入和转移再蛀入过程中常遭到天敌的袭击，主要天敌为斑痣悬茧蜂，寄生率很高，达 53.33％，据报道，1996—2000 年在景洪市一些果园，自然条件下（不用杀虫剂），澳洲坚果虫蛀率 1996、1997、1998、1999 年分别为 4.22％、0.54％、1.45％、1.29％、0.33％，天敌对其控制是一个主要因素。

图 2-3　咖啡豹蠹蛾危害状

十、弧星黄毒蛾

弧星黄毒蛾，属鳞翅目、毒蛾科昆虫。该虫除危害澳洲坚果外，还危害小叶榕、高山榕。在景洪、勐海、思茅、耿马等地均有分布。

危害特征：该虫以幼虫啃食花蕾和嫩叶造成危害。被害的澳洲坚果树花穗、花蕾多数甚至全部吃光，只剩下花梗。被害嫩梢、嫩叶支离破碎，常只剩下叶脉。报道显示在景洪 1996—2000 年该虫对澳洲坚果园幼林树的月均危害率：冬季 12、1、2 月分别为 0.87％、0.95％、0.37％，春季 3、4、5 月分别为 0.50％、

0.56％、0.32％，秋季 9、10、11 月分别为 0.66％、0.90％、0.52％，冬季危害率较高。

形态特征：雌、雄成虫翅展分别为 60mm 和 40mm，前翅橙黄色，中室后方内区、外区密布棕黑色鳞片，内线为浅红黄色带，在 CU2 脉下方向外折角，外线为浅红色带，从前缘弧弯至 CU2 脉下方和内线接近，然后微斜至后缘，横脉纹黑褐色，后缘有黑色长毛。后翅黄色，基部和前缘色较浅。幼虫紫棕色，有灰色短毛刷和红色线，背瘤色较浅。卵为球形，黄色，常数十粒聚结成块，有灰黄色丝棉状物覆盖。

生物学特性：在景洪 1 年发生 4～5 代。从卵粒产出到成虫出现历时 35～42d，卵期 5～6d，幼虫期 21～23d，蛹期 7～8d，成虫寿命 3～5d。卵块孵化初期常见大量幼虫聚集于少数枝、叶取食，但很快被黄霉菌污染，僵化死亡。卵的孵化率高，但幼虫死亡率大，所以果园中只是余下零星幼虫危害。老熟幼虫在叶背吐丝结茧，在其中化蛹。

防治方法：该虫是偶发性害虫，应加强果园害虫动态观察，当害虫虫口密度异常增大时，应做好害虫防治准备；当卵块孵化，幼虫还集中在少部分果树时，应用 50％杀螟松乳油或 50％敌敌畏乳油 1 000～1 500 倍液局部喷雾防治，有良好效果。

十一、红带蓟马

红带蓟马，属缨翅目、蓟马科，是澳大利亚、夏威夷等澳洲坚果主产区的主要害虫，1997 年 9 月在中国景洪初次报道该虫危害，且危害逐年加重。该虫还危害芒果、可可、橡胶、荔枝、龙眼等。在景洪、勐腊、勐海、瑞丽等地均有分布。

危害特征：受该虫危害的澳洲坚果树平均受害率约为 2.5％。受害叶片背面呈铁锈色，遍布有光泽的小黑点（排泄物），叶缘卷缩，严重时导致焦枯脱落。

形态特征：在被害叶片背面可见到该虫的成虫和若虫。成虫体长 1.25～1.50mm，黑褐色，前胸宽，近似矩形，表面密布菱形网纹，中、后胸愈合。前、后翅灰黑，缘毛极长。头部近方形，前额圆起、复眼突出、红褐色，触角 8 节，第 7、8 节细长，刚毛状。若虫体长 1.0～1.2mm，淡黄色，腹部基节有 1 条十分鲜明的红色环带，腹部尖端向上翘起，附有一大滴红色的液泡状排泄物。

生物学特性： 在西双版纳 1 年发生 5 代，世代重叠，常年在叶片背面可见到其成虫和若虫沿着主脉及近区取食。若虫爬行迅速、敏捷，爬行时腹部后端向上翘起，不断排出排泄物。春、秋季是该虫主要繁殖时期，从 5～11 月均可在叶片正反面看到各种虫态。干旱季节或年份，该虫危害严重，树冠下部的叶面上虫口密度最大。

防治方法：

（1）冬春翻耕园地，铲除果园内外杂草，消灭越冬虫源。

（2）当叶片虫口密度达 3～5 只/片时，应用 40％氧化乐果乳油 1 500 倍液或 20％速灭杀丁乳油 1 000～1 500 倍液喷雾防治，有着良好的防治效果。

（3）综合防治　有报道显示，通过 5 年的研究，对云南澳洲坚果害虫资源和主要害虫的发生发展有一定认识，并提出一些有效的防治措施，但生产性防治试验规模还很小，需要随着生产发展和农田生态系统的变化继续深入开展害虫和天敌监测及防治研究，在充分建设和维护控制主要害虫在较低水平生态平衡的基础上，对偶发、突发性的虫害，应用安全农药和生物技术进行综合防治，更能有效地控制害虫危害。

十二、稻绿蝽

稻绿蝽，为半翅目、蝽科。除了危害澳洲坚果外，还危害水稻、玉米、花生、棉花、豆类、十字花科蔬菜、油菜、芝麻、茄子、辣椒、马铃薯、桃、李、梨、苹果等。以成虫、若虫危害植株，刺吸顶部嫩叶、嫩茎等汁液。

危害特征： 稻绿蝽对澳洲坚果薄皮、薄壳的品种危害严重，它把口器（类似一枚中空的针）刺入坚果，注入唾液，将所接触的果肉转化为汁液后吮食，这就是受害坚果果皮表面特别凹陷的原因。

由于口针长度有限，因此，种壳和果皮的厚度影响着该虫的危害程度。果壳和种壳较厚，使幼龄期的稻绿蝽的口针刺不到种仁，而达不到受害水平，而薄壳种对稻绿蝽极为敏感。树上和落在地面的果实均会受害，落果后一周，地上果实受害率约为树上的 3 倍，到坚果开始变干后，一般就不再受害了。

形态特征：成虫有多种变型，各生物型间常彼此交配繁殖，所以在形态上产生多变。全绿型：体长 12～16mm，宽 6～8mm，椭圆形，体、足全鲜绿色，头近三角形，触角第 3 节末及 4、5 节端半部黑色，其余青绿色。单眼红色，复眼黑色。前胸背板的角钝圆，前侧缘多具黄色狭边。小盾片长三角形，末端狭圆，基缘有 3 个小白点，两侧角外各有 1 个小黑点。腹面色淡，腹部背板全绿色。点斑型（点绿蝽）：体长 13～14mm，宽 6.5～8.5mm。全体背面橙黄到橙绿色，单眼区域各具 1 个小黑点，一般情况下不太清晰。前胸背板有 3 个绿点，居中的最大，常为棱型。小盾片基缘具 3 个绿点，中间的最大，近圆形，其末端及翅革质部靠后端各具一个绿色斑。黄肩型（黄肩绿蝽）：体长 12.5～15mm，宽 6.5～8mm。与稻绿蝽代表型相似，但头及前胸背板前半部为黄色，前胸背板黄色区域有时橙红、橘红或棕红色，后缘波浪形。卵环状，初产时浅褐黄色，顶端有一环白色齿突。若虫共 5 龄，形似成虫，绿色或黄绿色，前胸与翅芽散布黑色斑点，外缘橘红色，腹缘具半圆形红斑或褐斑。足赤褐色，跗节和触角端部黑色。

生物学特性：稻绿蝽以成虫在各种寄主上或背风荫蔽处越冬，1 年发生 3 代。当取食植物和温度适宜时，幼虫发育极快，1 年可以发生 4 代，于 4 月上旬始见成虫活动。卵产在叶面，30～50 粒排列成块。初孵若虫聚集在卵壳周围几乎不取食，2 龄后分散取食，经 50～65d 变为成虫。第一代成虫出现于 6～7 月，第 2 代成虫出现于 8～9 月，第三代成虫出现于 10～11 月，食性杂，可危害 32 科 145 种植物。除去越冬成虫，成虫的寿命大约 50d，世代可以重叠。稻绿蝽只取食澳洲坚果是不能正常发育的。以澳洲坚果（不论大小或是脱皮或带壳的果）饲养的若虫，早期死亡率为100%，而在羽化前最后阶段则大于85%；雌虫到了成熟期只有40%产卵，而用花生和绿豆饲养的产卵雌虫为100%，而且前者的产卵量比后者低80%。另有报道，在寄主植物结荚时，害虫繁殖数量明显增加。稻绿蝽取食澳洲坚果主要发生在晚上，当杂草干枯时成虫移入园内危害。

防治方法：

（1）人工捕杀 利用成虫在早晨和傍晚飞翔活动能力差的特点，进行人工捕杀。

（2）药剂防治 如果虫害严重，需使用杀虫剂时，树上和地面同时进行。掌握在若虫盛发高峰期，群集在卵壳附近尚未分散时用药，可选用90%敌百虫700倍液、80%敌敌畏800倍液、50%杀螟硫磷乳油1 000～1 500倍液、40%乐果800～1 000倍液、25%亚胺硫磷700倍液、菊酯类农药3 000～4 000倍液喷雾。

（3）制订杂草管理措施，以减少害虫在收获时造成的损失 尽可能在结籽前铲除园内和园边的杂草；冬春期间，结合积肥清除田边附近杂草，减少越冬虫源。若要进行地面覆盖，需选择非稻绿蝽寄主的杂草。

（4）寄生蜂在降低害虫危害水平似乎不重要，因为一个稻绿蝽上若被产50粒以上的寄生蜂卵，也只有一粒能完成发育，即使对害虫有寄生也仅是略微降低害虫的繁殖而已。因此，在果园边种植猪尿豆以增加寄生天敌减少坚果受害的办法，是不理想的。

十三、苹枝小蠹

苹枝小蠹，于1988年在夏威夷KOMA一个果园的落地果中被首次发现。

危害特征：坚果苹枝小蠹主要危害成熟的落果或树上的"黏留果"，成龄幼虫蛀穿果皮，钻过果壳取食种仁，在果壳或果仁中产卵，幼虫孵化并钻入种仁取食，造成进一步的危害。苹枝小蠹对薄壳种的澳洲坚果较为敏感。害虫钻蛀还会引起霉病，因此，很多被记录为霉病的坚果，可能都是由于小蠹危害造成的。坚果落地2～3周后容易被小蠹蛀入，此时种仁受害很少（2％左右），但4周后的受害率则高于10％，5周后受害率再迅速上升。研究表明，靠近虫害果园的新植果园，受害的危险更大，在距老果园82.3m的新果园内的坚果包，5周后种仁受害率可达3％，而距离228.6m处的坚果包内果皮受害率为12.8％，种仁没有受害。表明即使只有一株坚果树受害，也可迅速扩大危害，危及整个果园。

生物学特性：苹枝小蠹是夏威夷最严重的坚果害虫之一。夏末和秋季虫口量最大，但周年均可找到相当数量的害虫。落在地上的腐烂僵果上虫口数很高，有时一个僵果上害虫多达191只，这些僵果可供小蠹繁殖几代。害虫的1个世代约为4周，4周后，第2代害虫已开始危害。

防治方法：苹枝小蠹的治理需要有完整的综合措施。

（1）提前采收、加工坚果是治理该虫的最好方法。如果采收时期太长，虫害明显会导致降低收益，特别是较敏感的品种。坚果收获后应立即脱皮加工。否则害虫在收集袋内迅速繁殖，坚果受害明显增加。脱皮加工除去大部分小蠹虫，但对种仁内的害虫作用不大。小规模种植者的正常收获比大规模（4hm² 以上）种植的容易处理，因为规模小，收获加工相对容易。

（2）容易产生僵果的品种应予更换，或将僵果摇落清除，僵果和受害坚果均要销毁，因为小蠹都是在僵果内繁殖的，地面落果最初受害约在坚果变干3周后发生。

（3）苹枝小蠹普遍发生时，采用火烧和其他销毁措施是必要的。室内研究表明，堆肥可以杀死小蠹，因此，可以集中受害坚果作堆肥处理。如果果农购买新鲜果皮作肥料，就会助长小蠹在植区传播，这种做法增加的虫害损失远远超过可能得到的收益。因此，要用果皮作肥料，必须经过堆肥处理，以杀死害虫。

（4）由于杀虫剂不能透过僵果的干皮，因此不能控制害虫，但为了保护地面的坚果，需要对新落的坚果重复使用杀虫剂。

（5）要在小蠹危害多年的地区寻找有效的天敌。对于大农场，需要发展各种防治技术。今后需要研究大规模摇动收获、清除僵果、应用生长调节剂，使收获时间一致、提前收获以及在严重危害发生之前监测危害情况等技术。如果这些技术成功，就可以清理害虫或减少虫害。

（6）大气处理、冷热处理和堆肥处理。未脱外皮的受害坚果暴露在 $>95\%$ CO_2、$24\sim30℃$ 条件下 6d，成虫死亡率为 97.3%（$\pm2.1\%$）。当坚果在处理前脱去外皮（坚果在壳内），用这一暴露时间和浓度可杀死所有成虫。对未脱外皮的坚果来说，为了获得 100% 的死亡率，需要在 $\geqslant95\%$ N_2 处理 14d，或在 7℃ 冷处理 14d 和 45℃ 热处理 7d。拣出受害的坚果和外壳与尿素一起放入一个木制箱系统内 4d，而与农家肥堆肥则需 7d，死亡率均为 100%。完全控制苹枝小囊密封的堆肥系统（圆筒）可获得较快（7d）的死亡，而开放系统（摊成行的堆）则需 14d。

十四、相思子异形小卷蛾

相思子异形小卷蛾，为鳞翅目小卷蛾科。

危害特征：相思子异形小卷蛾，其幼虫钻蛀果皮，在表皮下取食，如果壳尚未硬化，则钻过果壳进入种仁危害。通常相思子异形小卷蛾常见于外果壳内，而种仁内少见，因为幼虫只能刺穿未硬化的种壳并留下孔口，而不能穿过坚硬的种壳。该虫的危害主要是间接的，受害果在几周内脱落。而未落的受害果即使能长大定形，也达不到足够的含油量。

生物学特性：雌虫很少在直径小于 1.91cm 的坚果上产卵，而大于 2.79cm 的坚果一般种壳已变硬。坚果直径从 1.91cm 长到 2.79cm 大约需要 6 周，而害虫不能在 6 周内发育为成虫，种仁可能受害的时间短，因此受害少。坚果直径 1.91cm 至大部分果实成熟的 9 月初，是相思子异形小卷蛾危害的重要时期。相思子异形小卷蛾的雌虫在不同作物之间迁移时，寄主种类多达十几种，其中包括普通的观赏植物和豆科杂草。绝大多数作物每年害虫发生的代数或许不多，因为果实吸引雌虫的时间很短。但澳洲坚果花期长，周年均有不同发育期的果实，因地点和温度不同，每年可发生 8～11 代。

防治方法：

（1）雌虫迁移时，果园附近的寄主植物应予铲除或处理，以减少相思子异形小卷蛾的数量。这些中间寄主包括有助于维持高虫口的淡季品种。

（2）可以用一些寄主（如荔枝）诱杀害虫，以减轻对坚果的危害。但制订这种治理策略时，要求这些寄主在坚果对害虫最敏感时成熟，才能比坚果更有诱惑力。

（3）据记载，相思子异形小卷蛾有多种寄生天敌，但地区间天敌变化很大。

（4）目前，已有研究干扰相思子异形小卷蛾交配的技术。采用合成雌性激素，诱惑雄虫交尾。当果园内释放高浓度的雌性激素时，阻碍了雄虫寻找雌虫交尾。虽然虫害减少近 50%，但是经济效益并不明显。该技术需继续改进，降低成本，使经济效益更好。

十五、光亮缘蝽和褐缘蝽

光亮缘蝽和褐缘蝽，属半翅目缘蝽科。

危害特征：成虫、若虫以刺吸式口器刺入果皮或当果壳未硬化时刺入果仁吸取汁液，导致大量熟前落果和果仁畸变。在整个果实生长期均可危害，尤其在果壳尚未硬化的幼果期更为严重。褐缘蝽还危害嫩梢，使叶片皱缩或枯死。果实受害后，果皮呈暗绿色，表面有细小的孔，果皮内部组织和未硬化的果壳收缩，被害部位的周围组织变色，果仁畸形，这些特征与自然落果的幼果有明显区别。

形态特征：成虫：均具翅，体狭长，约 15mm。光亮缘蝽比褐缘蝽略显暗绿色。在羽化后 5d 内便可交尾，有时反复交尾连续产卵。成虫在室内饲养可长达 6 个多月。雌成虫每天产卵量少，据记载，在整个夏季，只产卵 163 粒。成虫与若虫一样，一旦确定了取食点便极少移动，这就是为何有些植株上的果实受害严重，而与之邻近的却不被危害的原因。在温暖季节，有时也会迁飞，但迁飞距离很短。卵：椭圆形，长约 1.7mm，淡绿色半透明，一般单产于果实、叶片及顶梢，通常产于叶缘、果实的裂缝或果柄。若虫：共 5 龄。第 1 龄时，2 种若虫完全相同，从 2 龄开始，光亮缘蝽的足、触角变红黑色，腹部红色，而褐缘蝽色略淡，腹背均有 2 个大黑点且周围有很多淡红色小点。若虫在食点一般不移动，但很机警，一旦受侵扰便迅速隐蔽于果实或叶片后面。

生物学特性：在夏季，卵孵化需 6～7d，光亮缘蝽的整个生活史为 34～38d，室内饲养时，光亮缘蝽需 45d，褐缘蝽需 50d，卵孵化需 7.5～8d。该虫 1 年发生 3～4 代，春季 1 代，夏季 1～2 代，秋季 1 代。秋季成虫进入越冬期，第 2 年春天又开始产卵。

防治方法：冬季结合积肥，清除田间枯枝落叶，铲去杂草，及时堆沤或焚烧，可消灭部分越冬成虫。在成虫、若虫危害期，可采用广谱性杀虫剂，按常规使用浓度喷洒，均有毒杀效果。

十六、澳洲坚果同斑螟

澳洲坚果同斑螟，又名澳洲坚果花螟，属鳞翅目、螟蛾科，卵常产于处在孕蕾阶段的花序上。幼虫取食危害花芽及花序，受害严重时挂果甚少。在幼虫整个发育过程中，也可危害较早的幼果和多汁的嫩枝。

澳洲坚果同斑螟遍布于澳大利亚东部地区，但在较冷凉而且海拔高度超过 300m 的地区，危害通常较轻。已知寄主植物为当地山龙眼科的乔木，包括全缘叶澳洲坚果、四出叶澳洲坚果的栽培种和野生种、三出叶澳洲坚果野生种、贝克斯银桦、银桦和梨树。

危害特征：成虫在总状花序或芽基部上产卵，孵化后，其幼虫有的蛀入花芽内部，有的在花芽表面取食。该虫大发生时，花序很少着果，甚至危害幼果及嫩梢。该虫全年都可发生，而 7～10 月发生的数量最多。全年结果的全缘叶澳洲坚果及其他寄主植物为该虫的发育提供了条件。危害时间和严重程度与开花时间有关，这决定了澳洲坚果花序受害的程度。主花开始时成虫成群地从其他寄主植物上迁移到澳洲坚果上，此时花开始受害。危害发生时间差别较大，但 8 月最普遍。在大多数季节，开花早或在冬季开花时间短的品种可避免受害。而晚花品种或开花期延长到春季，则受害严重。因此，开花越早，避免危害的可能性就越大。

形态特征： 成虫：体长 6～7mm，翅展 14～18mm，静止时，其翅展开，可见前翅末端有三条暗灰色横纹且有倒"V"形斑块。该虫在进入傍晚后的 4h 内最为活跃。卵：椭圆形，0.5mm×0.3mm（不及针头大小的一半），卵初产白色，后变黄色，在接近孵化时，可见褐色的幼虫头部。卵单粒或 2～3 粒产于花芽或花序梗上，并常隐藏于相邻芽茎间的苞片下。在一穗花序上可产卵 400 粒，尤其喜产于 3～7mm 长的花序上，也产于完全开放的花序中，一直到盛花期。幼虫：幼虫发育可分 5 个龄期，刚孵化时为黄色，体长约 0.75mm，随后便进入小花蕾中危害。前 2 个龄期幼虫主要在花芽内部蛀食雄蕊和柱头，若在花芽边上看到有一滴汁液时，表明该虫已蛀入花芽内部，不久，蛀入孔周围变成褐色，幼虫的分泌物封住洞口且稍有突出。3 龄幼虫体可见竖条纹，4、5 龄期幼虫体色逐渐变深。幼虫老熟时体长 12mm，红棕色，此时主要以花芽的外表层为食，甚至危害花序轴的表层，受害的花序常被该虫湿润的分泌物绕花序外层围裹，留下受害的花芽。蛹：幼虫化蛹时，常离开树体以地上的枝叶碎片作茧化蛹，有的也在树上荫蔽处化蛹。

生物学特性： 发育历期随气温升高而缩短，按夏、春、冬的顺序，卵孵化分别为 3、4、9d，幼虫初孵至化蛹分别为 12、15、31d，化蛹至成虫羽化分别为 8、10、23d，整个生活史分别为 23、29、63d。

防治方法：

（1）保护天敌　澳洲坚果同斑螟的寄生性及捕食性天敌有 20 多种。其中较重要的天敌有寄生于幼虫的窄径茧蜂、大腿小蜂和显茧蜂，以及寄生于卵的赤眼蜂科和捕食幼虫的小盲蝽。这些天敌在将害虫控制在较低危害水平上起了重要作用。因而应该减少使用杀虫剂防治害虫。

（2）害虫的监测　由于澳洲坚果同斑螟的活动情况很不稳定，

需要对该虫进行监控以确定何时喷药。具体措施：取花序样品、检查害虫数并根据受害花序数量决定是否喷药。

十七、澳洲坚果潜叶蛾

澳洲坚果潜叶蛾，属细蛾科，是澳洲坚果（特别是生长早期的澳洲坚果）的一种主要害虫。在海拔较高的雨林地区及防风林地带，该虫危害最严重。澳洲坚果潜叶蛾在昆士兰沿海地区及新南威尔士州全年活动并广泛传播。

危害特征：该虫只在嫩叶上钻洞，受害严重时叶面会布满隧道斑，嫩叶扭弯。受害后很长时间内，树外形参差不齐且会出现火烧状，树生长受抑制。持续受害可导致末梢枯死，并可能造成减产。

形态特征：成虫：褐色，前翅上有凸出的银色带，翅展约8mm，主要在夜晚活动，白天偶尔可在叶片上见到。卵：椭圆形，大小约 $0.5mm \times 0.4mm$，叶片上的卵类似一个闪亮的小水珠，主要单个产于嫩叶表面，一片50mm长的叶片上的卵数可多达96个。幼虫：其发育包括5个龄期，前3个龄期的幼虫有扁平、刀片样的口器，幼虫这样的口器割碎叶细胞并吸吮其汁液。后2个龄期的幼虫有咀嚼式口器，用这种口器幼虫可取食叶肉组织。幼虫体色初为淡绿色，后变为白色，再变为鲜黄色（有时为浅黑色）。5龄幼虫身上出现鲜红色的带状物。蛹：化蛹出现于老熟幼虫所作的扁卵形丝茧中，长约4mm，成虫羽化后蛹壳部分伸出丝茧。

生物学特性：卵孵化后幼虫穿出卵底进入叶内并在叶表皮下钻出一条狭窄、弯曲的隧道。隧道宽度 $0.2 \sim 1mm$，长度可达60mm（在幼虫第二次蜕皮时），3龄幼虫食量大，一只幼虫可在叶片表皮下钻出 $200 \sim 300mm^2$ 的隧道。当幼虫数量增加多时，泡状的隧道可扩展到整片叶子，老龄幼虫常隐蔽于透明的泡状隧道内次生隧道的褐色遮蔽层下。老熟幼虫离开叶片后便在地下碎石中寻找化蛹场所。

在夏季，从卵初产到成虫羽化需 $19 \sim 23d$，而在冬季则需 $50 \sim 53d$。卵孵化在夏季需 $3 \sim 4d$，而从卵孵化到泡状隧道形成只需4d。

防治方法：应避免重修剪，特别是在果树生长的头几年，因为重修剪可减弱树势并加强潜叶蛾的危害。保护天敌。姬小蜂的寄生现象对控制澳洲坚果潜叶蛾的虫口数具有重要作用，因姬小蜂的幼虫会附着在害虫的幼虫上并以之为食，潜叶蛾幼虫很快便死亡；此外，蜘蛛也是潜叶蛾的自然天敌，当老熟的潜叶蛾幼虫离开隧道准备化蛹时，蜘蛛可将其捕获。

十八、澳洲坚果星天牛

据报道，广西区内各试种点都有不同程度的发生，危害的严重程度与周围植被和种植地原植被有关。在广西热带作物研究所，澳洲坚果园周围是龙眼、荔枝、芒果等星天牛的主要宿主，自1991年发生危害后，虫情发展很快。1991年澳洲坚果早丰产园（339株）被星天牛危害死亡19株，植株死亡率5.6％，1992年和1993年植株死亡率分别上升到11.2％和15.0％。在广西博白茂青农场，澳洲坚果地周围是橡胶林和龙眼园，原植被是橡胶树，1996年存活的11株澳洲坚果，100％被星天牛危害过。在广西金光农场，澳洲坚果种植面积约153.3hm²，与澳洲坚果连片的还有柑橘、龙眼，周围主要植被是桉树，澳洲坚果、柑橘和龙眼种植地的原植被都是桉树，澳洲坚果被星天牛危害较轻，历年中，仅在1996年发现一株被星天牛危害死亡。在广西合山市，澳洲坚果与龙眼同于1997年在同一地块种植，种植地原植被是松树，1999年果园发现星天牛成虫，澳洲坚果树干树皮被天牛啮食，未发现幼虫危害。星天牛不仅危害澳洲坚果成龄树，对幼树和较大的苗木也能危害。在广西热带作物研究所，1990年11月定植的澳洲坚果早丰产园，定植第2年就开始有星天牛危害，其中，1991年至1993年被星天牛危害死亡的植株分别是19株、38株、51株，分别占原定植株数（339株）的5.6％、11.2％、15.0％。1995年，星天牛在较大的苗木上产卵危害，在一危害较严重的地块，有虫口（卵、幼虫或虫道）的27株，占38.0％。其中茎围≥8cm的苗木35株，危害率74.3％；茎围<8cm的苗木26株，危害率3.8％。

危害特征： 星天牛对澳洲坚果的危害以幼虫在树干皮下蛀食为主，其次是成虫啮食幼树树干、细枝树皮和叶片。从树干基部到离地面 1.4m 的高处均有产卵，以基部为主，产卵处的韧皮部被破坏，氧化成褐色，树皮表面出现流胶（褐色）。幼虫在树皮下蛀食，虫道无规则，幼虫咬碎的木屑、粪便，部分推出虫道积聚在树皮上或树干基部周围。树干茎围 20cm 以下的，幼虫环绕树干蛀食一圈或数圈后又上下蛀食。树干茎围大于 20cm 的，幼虫环绕树干蛀食一圈至数圈，一般不上下蛀食。由于该虫个体发生期不一致，生活史不整齐，往往出现一植株上有不同龄期的幼虫同时危害。星天牛幼虫蛀食澳洲坚果的虫道，上下韧皮部的愈伤组织极少能愈合，树干被蛀食一周或数周的植株，养分输送断绝，植株在被危害当年秋冬季枯死。

生物学特性： 该虫 1 年 1 代，以幼虫在虫道越冬，每年 4 月始见成虫，5～6 月为成虫活动盛期，7 月底仍有成虫出现。成虫期 30～40d，幼虫期 10 个月，蛹期 1 个月左右，卵期 10d 左右。星天牛在澳洲坚果树皮下产卵，深至韧皮部，一处一粒至数粒。一头雌虫一生可以产卵 8～20 粒，离地面 5cm 以内的产卵占 70% 左右，产卵处离地面的平均高度 25cm 左右。卵产后 10d 左右孵化出幼虫，孵化率 80% 左右，幼虫成活率 90% 左右。

防治方法：

（1）涂干　用药浆涂干，可以有效预防星天牛成虫在澳洲坚果树干产卵及杀死卵块、初孵幼虫。每年 4 月上中旬和 6 月上中旬各涂干一次。用石灰或黄泥和水加 90% 敌百虫结晶原药调制成 200 倍的药浆，在树干一半以下均匀涂刷。

（2）捕杀虫卵、幼虫　经常巡查果园，在成虫活动盛期的 5～6 月，每月巡查 3～4 次，其他月份每月巡查 1～2 次，发现树干流胶和有新鲜木屑，即用利刀挖杀虫卵、幼虫。

（3）培土促生侧根　对受害部位较低，离地面 10cm 左右的植株，杀死幼虫后及时用刀把虫道上侧刮新，然后培土，淋水并覆盖保湿，伤口将逐渐长出侧根，植株随之恢复正常生长。

十九、澳洲坚果绒蚧

危害特征：该虫对澳洲坚果树的地上部分均可危害，受害后新梢扭曲、发育不良，老叶出现黄斑，严重发生时，会导致小树整株死亡，结果树受害后产量减少或推迟成熟。

形态特征：卵：椭圆形 0.2mm×0.1mm，产于绒状介壳内，半透明，略显浅粉红色或淡紫色。若虫：初孵时柠檬色，其细小的口器刺入植物组织吮吸汁液，第 1 次蜕皮后，体长 0.4mm×0.2mm，然后寻找新的取食点。雌虫喜荫蔽，栖息于叶片的折叠处，叶柄、花芽间，树皮裂口处，导致幼嫩组织皱缩扭曲、生长不良。雄虫则栖息于叶面、树干的荫蔽处和枝条上，导致组织表面布满虫斑。雄若虫在第 2 次蜕皮之前，裹以绒状介壳，介壳伸长后 0.8mm×0.4mm，白色且有 3 条竖线纹，蜕皮后在介壳内化蛹，羽化时橙色。雌成虫：第 2 龄若虫蜕皮成成虫，雌成虫固着于枝上不活动，交配后虫体迅速膨大呈球形介壳状，大小 0.7mm×1.0mm，白色至黄褐色，尾部有一微小的排泄孔。

生物学特性：各虫态发育历期随气温的升高而减少，在 20～31℃，卵初产到孵化需 11.5d，若虫期 18～19d，蛹期 6～7d，成虫期 11.5d。雄虫完成 1 个世代为 3～41d，雌虫为 42～59d。该虫 1 年可发生约 6 代，世代重叠。

二十、柱石绿蝽

危害特性：同光亮缘蝽、褐缘蝽。

形态特征：成虫：雄虫体长 12～14mm，雌虫 12.5～15.5mm，全体青绿色。触角第 4、5 节末端黑色，小盾片基部有 3 个横列的小黄白点，成虫多在白天交配，晚上产卵。卵：圆形，顶端有卵盖，卵盖周缘有白色小刺突，初产黄白色，中期赤黄，后期红褐色。卵多产于叶背及果面。若虫：共 5 龄。1 龄体长 1.1～1.4mm，黄褐色，前中胸背板有一大型橙黄色圆斑。2 龄体长 1.9～2.1mm，黑褐色，前、中脚背板两侧各出现一椭圆形黄斑。3 龄体长 4.0～

4.2mm，中胸背板后缘出现翅芽。4 龄体长 5.2～6.0mm，色泽变化大，有的个体全黑褐色，有的中胸背板青绿色，头部出现"⊥"形的粗大黑纹。5 龄体长 7.4～10mm，前胸背板 4 个黑点排成一列，前后翅芽明显。若虫孵化后，先群集于卵壳附近，后逐渐分散。

生物学特性： 在 26～28℃条件下，成虫产卵前期为 5～6d，卵期 5～7d，若虫期 21～25d，完成一代需 31～36d。

第三章

澳洲坚果病害

一、坚果花疫病

坚果花疫病由葡萄孢属真菌引起，主要侵害花序。该病原菌的分生孢子梗顶部分枝，有分隔，末端膨大。分生孢子簇生其上，外观很像葡萄。分生孢子大多数近圆形，单孢，无色或浅色，大小（3.75～5）μm×（2.5～3.5）μm。

病害症状：起初在萼片上出现暗色小斑点，随后整个花朵枯死，并很快扩大至整个花序，只剩下绿色的总花梗不受侵害，当整个花序感染疫病后，总花梗的颜色变暗，最后，枯死花脱落，或由灰色蛛网状菌丝体围绕着总花梗缠绕起来，在潮湿的条件下，受侵害的总状花序变成暗灰色至黑色。

图 3-1 坚果花疫病

病害发生规律：坚果花疫病在坚果整个花期低温多雾的天气发生，其发病高峰期在 1 月底至 2 月初，病害随气温回升逐渐减少。该病害的流行条件是：连续 3d 以上的阴雨和 10～22℃的温度，再侵染的条件：当这些孢子被冲刷或风传到其他花序上并至少有连续 6～8h 的阴湿条件，再侵染便成功。据报道，该病在新南威尔州零星发生，有着潜在的破坏性，在该州造成的产量损失已高达 40%。某地 1998 年 1 月下旬的气温为 19.3℃，湿度为 75%，2 月上旬的气温为 18.9℃，湿度为 71%，1999 年 1 月下旬的气温为 18.2℃，湿度为 77%，2 月上旬的气温为 19.6℃，湿度为 76%，发病严重。以后随着气温回升病害逐渐减少，即尽管坚果花疫病的发病率可高达 65.4%，但病情指数仅有 13%，因此，此时该病害对花序造成的影响并不大，病害对产量的影响不明显，所以高温低湿条件不利病害发展。

防治技术：一是栽培措施。种植时不宜密植，株行距一般为 8m×3m 或 7m×4m，控制冠幅不超过 6m，且行间必须有 2~3m 的空间。二是化学防治。抓住喷药时机，当有 60% 的花序处在未开放至刚刚全部开放的时候，必须注意观察病菌的侵染情况，一经发现应及时喷施 60% 苯莱特 800 倍液或 80% 敌菌丹 500 倍液，使药剂渗入到花朵中，到大发生时再施药已经无效。另外，施药时注意不要多次重复使用同一杀菌剂，否则易产生抗药性。

二、茎干溃疡病

该病害由樟疫霉菌引起，其孢子囊卵形或椭圆形，有乳头状突起，大小为 (38~84)μm×(27~39)μm，孢子的产生需要水。此病菌主要侵染澳洲坚果树干及主枝，使树势变弱、枝干环枯以至整株死亡。该病通过伤口侵染，在雨季潮湿地块易发生。

病害症状：感病树树皮变硬，随后凹陷；早期病斑界限明显，最后变成极度皱缩的病痕，且感病区可继续扩大。溃疡斑环绕树干及侧枝，树皮和外层木质部明显变色，受害部位渗出暗褐色黏胶状物质（伤流）。通常受害幼树矮小，叶片稀少发黄或呈火烧状干化，成年树受害部位树皮变硬褪色，常有暗褐色胶状分泌物，此流胶液使树干及侧枝形成坏死层，出现裂口或凹陷。由于形成层死亡，树皮裂开或无光泽、长势差、褪绿，并出现部分落叶及落果的现象，严重的皮层坏死一圈，造成植株枯死。

防治技术：

(1) 培育无病种苗、抗病品种。

（2）减少树干基部的周围浸水，避免损伤树干。

（3）选择排水良好没种过油梨的地种植。移植前清除发病严重或已死的树，植株不宜种得太深。

（4）用洗净擦干无锈锋利的刀刮除坏死层和木质部，并涂上氧氯化铜（25g/L）泥浆，包扎好伤口，在潮湿季节来临前，往树干上喷波尔多液，可预防该病的发生。

（5）在病区树干下部用80%敌菌丹可湿性粉剂（250μg/mL）或者80%的甲霜灵（25g/L）喷雾防治有一定效果。另外，有资料表明在树干上涂2,4-D也具有一定防效。

三、澳洲坚果衰退病

衰退病其致病原因复杂，表现出的外部症状为：叶变黄—枝条回枯—整株死亡。从开始发病到死亡，从时间上可分速衰和渐衰2种。

病害症状：一种是病株顶部叶片开始由绿变灰白色，很快转为红棕色，不脱落，病株从出现症状到死亡约16d，病株根部感病部位表皮变黑，木质浅黑色，茎干木质浅褐色，死亡2～3个月后，在病株距地表60cm范围内的主茎表面可长出横生、唇状浅黑色的分生孢子器；另一种是病株叶片失绿变黄，部分顶端叶片脱落，出现少量枯枝，自表现病状到整株死亡约60d，病根表皮呈黑色，表皮内与木质部间呈紫色，感病的病根有浓烈的腐臭味。

发病原因：澳洲坚果的衰退不是由单一原因引起的，与土壤状况有关的综合因素引起植株生理机能的衰弱而致衰退，其中病因包括：①茎干溃疡病引起衰退，病原菌为樟树疫霉菌。该菌以泥水、雨水、手、机械甚至灰尘等为媒介，通过植株的伤口、自然裂口进入树干，侵害树皮，使之开裂、溃烂，流出暗褐色树胶，使植株落叶衰退。②根部受土生真菌密环菌和炭钉菌的侵染，由炭钉菌侵染引起的病害造成根木质部腐朽，表面可看到黑色线纹，病害进一步扩展到茎干基部，导致植株生长势不良、落叶、枝条回枯直至整株枯死。③由3种灵芝菌（灵芝菌、拱状灵芝菌、树舌灵芝菌）侵染引起根腐，受侵染的根部软腐且有白色菌丝，后期长出 3 种灵芝菌的子实体。受该菌侵染后，植株落叶，枝条回枯，逐渐衰退。④元素缺乏。缺锌、缺铜或两者同时缺失，土壤中磷酸盐水平低，植株顶端枝叶表现出缺磷症；锰含量高，产生锰毒害作用；硼素营养缺乏或钙和有机覆盖材料不足，都跟植株衰退有关。另外，不良的土壤条件，如土壤板结、沙石过多、排水不良和营养不平衡等都会使坚果树更易感染该病。

防治技术：目前，尚未见对坚果衰退病较有效的化学防治报道，针对某些真菌引起的衰退，采用药剂处理后，有些能延缓植株的死亡，却不能根治。对此病的防治，据国外报道，一般以预防为主，与覆盖相结合，多施有机肥，注意营养平衡，加强田间栽培管理，特别是投产 5～8 年的壮年树，在收果期后加强肥水管理和整形修剪，也是重要的防治措施之一，具体防治措施如下：

（1）对于根部受土生真菌密环菌和炭钉菌的侵染引起的衰退病，具体的、直接的防治措施尚未形成，因为当前对该病原菌的流行学尚不清楚。但树体生长势比较衰弱的植株对该病似乎更为敏感，所以能维持树势旺盛的一切栽培措施，可把该病菌感染减轻到最低限度；再者，防止树体任何创伤，特别是对根系的伤害，在移栽果苗时，应避开地上的大石块，否则，树长大后，根部与石块接触会擦伤根部或造成其他损伤。

（2）由樟疫霉菌引发的衰退病，应以预防为主。选择优良树苗，定植前用药物涂刷茎干，把树苗周围土壤稍稍培高，以避免积水。在栽培作业的各阶段，都要避免损伤茎干；发现幼树受该菌侵染的，应换植健康的树苗，若植株已被风吹倒或扭伤也应换掉，因为这种受伤的树对樟疫霉菌是非常敏感的。

（3）由磷营养缺乏、浅薄和边际土壤以及土壤有机质含量低等引起的衰退要尽早补充磷素和有机质并防止病害的发生。①补充磷素。但相对于氮和钾而言必须缩减磷的输入，通过施用低效的磷肥可达到这个目的。②补充有机质。澳洲坚果生长要求有一个有机质含量高的土壤环境，以便更适宜根系生长和有效的利用营养。补充方法：在树冠范围的地域，用坚果外果皮覆盖 5～8cm 厚，并且保证一年四季都有足够的覆盖。进行覆盖的壮年树，6 个月内就可起到增进根系生长的作用，但要使植株恢复以前的健康颜色和郁闭度至少需两年。同时通过覆盖处理的树，叶片的微量元素缺乏症也会逐渐消失。但在产量方面，对衰退植株进行覆盖处理后，短期内其反应恰好相反，主要是因为植株在损害生殖生长的情况下，把能量用于营养生长，直到树体恢复足够健康为止，也唯有这样，最终产量才有可能提高到希望的水平。③预防病害的发生。由于衰退树树势较弱，处理后一般需要 2～3 年时间才能恢复，因此，务必防止病害的发生，以免恢复时间更长更慢。具体措施有活覆盖和死覆盖，即在植株的株、行间种植矮生多年生豆科作物进行活覆盖或用坚果果皮、禽粪、炉渣、切短的稷草等进行死覆盖，通过死、活覆盖相结合，改良土壤条件、提高树冠下土壤有机质的水平，从而起到预防坚果树衰退病的发生。

四、炭疽病

病害症状：该病由炭疽菌属胶孢炭疽菌引起。在坚果苗、成龄植株的叶片、嫩梢和果上均可发生。幼苗、成龄株叶片和嫩梢在感病初期，发病组织呈水渍状浅黑褐色的小斑块，随病程的发展，病斑逐步扩大，15d 后，在叶和梢的感病部位长出黑色点状的分生孢子器，叶片枯黄或形成块斑，嫩梢枯死，苗期及半老化的叶片发病尤为严重，叶片发病率达 35%；未成熟的青果在 5～8 月，高温高湿季节，容易感染该病，感病初期，在果皮上出现典型水渍状小黑斑，随病斑的逐步扩展，致使部分或整个果壳变黑，造成大量的熟前落果，病果表面长出一层橘红色的分生孢子。因此，炭疽病能导致未成熟的幼苗坏死，对近成熟的青果则造成果皮变黑和腐烂，发病率为 5%～10%，但对种仁似无影响。

病原菌：该病原菌分生孢子器上有或无刚毛，长 75～210μm，浅黑色，分生孢子顶部锥形，基部近圆形，孢子不含油球，长柱形，单孢无色，(10.5～18)μm×(4～5.1)μm，平均 15μm×4.7μm，附着孢浅黑色，近球形或玉米粒形，（4.4～8.3）μm×（4.4～6.5）μm。在 CDA 上培养，菌落初期气丝白色后转黑色，继续培养则基质表面产生橘红色黏孢团。

防治技术：一是采用化学防治。发病初期喷施 50％多菌灵或 75％的代森锰锌 800～1 000 倍液。夏季用波尔多液或 30％氧氯化铜悬浮剂 600～800 倍液喷洒树冠。新梢抽发期、开花期、小果期 15～25d，用 50％甲基硫菌灵、40％多菌灵、45％硫黄悬浮剂或 75％百菌清 600～800 倍液交替喷洒树冠和枝干。二是防止害虫危害果壳，以防病菌传播，特别在夏秋季节更需注意。三是在使用坚果果壳作覆盖之前，必须先经腐熟才能使用。

五、果壳斑点病

该病是澳大利亚较严重的一种病害，主要侵害 14 年生以上的澳洲坚果树果实，可造成大量的熟前落果。该病在潮湿天气，受侵染的果壳上产生孢子，孢子由风、机械设备或在长期潮湿季节由溅起的雨水传播，病原菌为束梗尾孢菌。

病害症状：初期在绿色果皮上呈漫射晕圈的淡黄色小斑点，扩展后变成较暗的黄色至棕褐色，直径 2～5mm；当病斑扩展到 5～15mm 时，中心变为褐色，边缘保持淡黄色；当该菌侵染未熟果实白色的果皮内层表面时为棕褐色圆斑，而随着坚果的成熟，果皮内层变褐时，病斑则难于辨认；对该病敏感的品种可能比未受侵害的植株果实提前 4～6 周脱落。

防治技术：所用杀菌剂为铜制剂。一是在坚果豌豆大小时开始喷药，每月 1 次，连施 3 次，喷药要彻底全面覆盖果实。二是在该病的易发地区，如地势较低、树冠密挤和通风不良的果园，可进行点喷药防治。三是尽可能地收获全部果实，这样可使成熟果上的孢子在下个产果季之前消散。四是密切注意该病的传入，凡从其他地方带入的机械和果皮都有引入该菌的可能性，应予注意，用果壳作果园粗盖材料之前必须充分腐熟。五是选育抗病品种。

六、多毛孢叶病

病害症状：在苗期和大树的叶片上均可发生。病原从叶尖或叶缘侵入，呈水渍状近圆形或不规则形，逐步扩展，形成黑褐色病斑。叶片正反面感病组织上长出黑色点状的分生孢子盘，埋生于叶片角质层下，分生孢子成熟后，角质层破裂，逐步放出分生孢子，成为新的侵染源。在高温低湿的旱季，病斑处于稳定状态，病斑枯黄色或灰白色，病健交界处明显。在成龄树叶片上普遍发生，但对其正常生长无明显影响，苗木发病率为63.1%时影响其正常生长。

病原菌：该病害由拟盘多毛孢属茶褐斑拟盘多毛孢菌引起。在CDA培养基25℃条件下培养，4d后长出圆形菌落，菌丝初期絮状、白色，着生于基质表面，15d后在基质表面长出黑色圆点状的黏孢团，表面湿润光滑，气丝变为黄褐色紧贴于基质表面。分生孢子纺锤形，有4个隔，中间3个细胞浅黑色，两端的一个细胞无色，顶端附属丝2～4根，多为3根，孢子表面光滑，孢子大小为$(18.8～26.3)\mu m \times (5.5～7.6)\mu m$，平均$22.5\mu m \times 6.7\mu m$，分生孢子柄0～$10\mu m$，平均$3.9\mu m$，附属丝长10～$35\mu m$，平均$24.2\mu m$。

七、幼苗丝核菌叶腐病

病害症状：主要危害苗床期的幼苗。幼苗发病初期，叶片上出现黑色近圆形或不规则小斑，随病害的发展，在叶片重叠的苗床上，形成以点为中心向四周扩散的病区，或病叶上长出浅黑褐色蜘蛛网状菌丝，常将几片病叶牵连成串，病叶黑褐色。本病能导致幼苗死亡，发病率为17.1%，人工接种保湿培养4d后，表现典型症状。

病原菌：丝核菌属立枯丝核菌，在PDA培养基上，(25 ± 1)℃纯培养4d后，菌落浅黑色，气丝长絮状，白色，后转褐色，无任何形式的孢子产生，菌丝分枝处有缢缩现象，多为直角分枝，距分枝处4～$10\mu m$处长出隔膜。菌丝宽4.5～$7.8\mu m$，平均$6.6\mu m$。15d后菌落表面长出由白转深褐色、大小形状不定、表面粗糙的菌核，直径为0.5～3mm。

八、幼苗白绢病

病害症状：主要发生于苗床上的幼苗，常为零星发病，发病率一般 0.1%～0.5%。在发生白绢病的苗床上，病苗在紧贴地面的茎基部出现水渍状腐烂，并出现绳索状白色菌丝，超前于发病组织向前生长。发病 4～5d 后，可在菌丝上看到白色的颗粒状物，10～15d 后，白色颗粒状物变为菜籽粒状、咖啡色的菌核。菌核成熟后，落于苗床内形成再侵染源。苗基部未木栓化的苗木对该病害敏感。

病原菌：该病害由小菌核属、齐整小菌核菌引起，在 PDA 培养基质上培养，置（25±1）℃培养箱内培养 3d，菌落直径达 97mm，基质表面长出白色、发达的絮状菌丝，菌丝宽 3.3～8.8μm，平均 5.6μm，常见锁状联合，基质表面及皿壁上长出大量白色的颗粒状物，6～7d 后，颗粒状物转为棕色的菌核，10d 后菌核成熟，球形、近球形、咖啡色，形如菜籽。在平皿内可产生菌核 550～600 粒，直径 0.72～1.3mm，平均 0.92mm，未发现任何形式的孢子。

图 3-2　澳洲坚果幼苗白绢病

九、镰刀菌立枯病

病害症状：主要发生于袋栽苗，零星发病，病株首先由侧根受到侵染，逐渐整个根系感病，根系表现出无症状坏死，嫩梢至下部叶片逐步失水萎蔫，无光泽，后转为枯黄，苗死亡，病叶不脱落。

病原菌：该病由镰刀菌属、尖孢镰刀菌引起。在 CDA 培养基上（25±1）℃条件下培养，菌落放射状，表面长有少量气生菌丝，玫瑰红色，培养 4d 的菌落直径超过 4cm，6d 后产生镰刀形大型分生孢子，着生于较复杂分枝的分生孢子梗上，15d 后观察，孢子无色，顶端细胞细长较尖，足胞锲形，1～4 个分隔，多为 3 分隔，(24～41.3)μm×(2.5～3.4)μm，小孢子较多，长卵形，偶尔卵形，呈头状着生于单出瓶状的梗上。

十、绯腐病

病害症状：该病发生于较老的、荫蔽的植株上，病原菌为绯色伏革菌。受该菌侵染后，树皮上出现薄的粉红色板结层，并环绕单大枝扩展，沿树枝表面扩展到 1m 长，受侵染的枝条叶片表现苍白色、稀疏，受侵染的树皮很容易剥落，剩下不规则的溃疡区。

防治技术：一是防止轮心圆蚧的危害；二是砍除受侵害的枝条并烧毁，并以塑性涂料涂封伤口。

十一、花序枯萎病

1963 年夏威夷已报道过澳洲坚果花序枯萎病，有些地区发病率估计达 75%。该病的发生可能受环境条件的限制。其病原菌为灰葡萄孢。

病害症状：该病原菌可侵染小花和花序轴各个部位，但不危害正在发育的幼果。花在其萼片脱落之前都很敏感。长时间高湿、温度为 16～18℃有利该病发生。其症状为在小花和花序轴上出现棕色的小坏死斑，且扩展快。在适宜条件下，整个花序在 2d 内枯萎变为黑褐色，坏死花通常仍与花序轴相连。

防治技术：扩大树冠光合面积，降低果园湿度；冬季园地翻挖晾晒，并用石灰水（石灰：水=1：5）刷白树干。初花期至幼果期，用三唑酮可湿性粉剂 500～800 倍液喷雾 2 次即可。

十二、日灼

移种于大田 1～2 年的苗木，由于环境空旷，无遮蔽物，在 4～5 月高温低湿的条件下，水分蒸发量大，苗木容易出现失水，产生日灼危害。受害轻的在 5 月底至 6 月初雨水到来后可逐步恢复生长，受害重的常在 5 月中旬前导致整株苗死亡。受害程度以西南向的植株最为严重，能造成一定程度死苗。一般受害初期无明显表现，15～20d 后，地上部分植株叶片出现失水，无光泽，新抽嫩梢停止生长并出现萎蔫，有的主茎皮有轻度爆皮渗出棕红色汁液，干后附着于树皮上，随病情发展，整株植株叶片褪绿失水。受害轻的苗地表以下主茎和根系成活，有的仅新抽未稳定的梢、叶受害，造成顶部枯死；而受害严重的，地上下部分均受害，整株死亡。剥去干枯的树皮，木质表层出现网状黑色条纹，植株叶片枯黄、不脱落。

十三、苗期黄化

苗木黄化，在袋栽苗中发生占有一定的比例，轻的 1%～3%，最严重的达 62%。苗木黄化，大致分为后抽生的上部叶片黄化和整株全部叶片黄化 2 种类型。病轻的叶片出现褪绿变黄，病重的叶片全部失绿转黄偏白色，病苗的植株和叶片大小比正常苗偏低偏小，叶片无光泽、植株生长不正常，发病原因待查。

参 考 文 献

蔡志英，1999. 澳洲坚果果褐斑病病原菌的初步研究. 云南热作科技，22
(4)：10.

蔡志英，2002. 西双版纳澳洲坚果花疫病及其对产量的影响. 云南热作科技，
25(1)：34-35.

陈显国，周少霞，黄锦媛，2000. 澳洲坚果星天牛的危害规律及其防治. 广西
热作科技 (3)：17-18.

费茨尔，1996. 澳洲坚果的病害及其防治. 云南热作科技，19(1)：40-47.

黄雅志，阿红昌，2004. 云南省澳洲坚果害虫资源调查. 热带农业科技，27
(4)：1-5.

黄雅志，阿红昌，2006. 云南省澳洲坚果主要害虫的生物学特性和防治. 热带
农业科技，29(1)：5-9.

李加智，1996. 景洪澳洲坚果病害初步研究. 云南热作科技，19(2)：12-15.

李加智，蔡志英，2004. 云南澳洲坚果速衰病两种病原菌接种试验. 热带农业
科技，27(3)：1-3.

李建光，2013. 盈江县澳洲坚果茎干害虫——环蛀蝙蛾的防治. 林业调查规
划，38(1)：55-57.

刘大章，2006. 攀西地区澳洲坚果病虫害及防治. 广西热带农业 (1)：
13-14.

王一承，郎昌胜，曾辉，等，2009. 澳洲坚果粉蚧危害初报. 广东农业科学
(12)：106-107.

詹儒林，1997. 简述世界主产地及我国澳洲坚果虫害主要种类及防治概况. 云
南热作科技，20(4)：24-26.

詹儒林，1997. 杀虫剂防治澳洲坚果蛀果螟的试验. 云南热作科技，20(1)：
25-27.

詹儒林，1998. 澳洲坚果树的速衰与渐衰. 广西热作科技 (2)：8-11.

詹儒林，1998. 国内外澳洲坚果主产区病虫害的发生于防治. 中国南方果树，
27(5)：23-28.

David H O，1992. 夏威夷澳洲坚果树速衰的新问题. 广西热作科技（1）：51-52.

Ironside A，1994. 澳洲坚果潜叶蛾. 广西热作科技（1）：58.

Ironside A，1994. 澳洲坚果蛀果螟. 云南热作科技，17(1)：47-48.

Ironside A，1998. 澳洲坚果同斑螟. 云南热作科技，21(2)：48.

Ironside D A，1998. 澳洲坚果同斑螟. 云南热作科技，21(2)：48.

Nagao M A，1993. 澳洲坚果的病虫害防治. 广西热作科技（3）：52-54.

Stephenson R A，1996. 澳洲坚果的虫害. 云南热作科技，19(3)：40-41.

Vincent P，1997. 夏威夷澳洲坚果虫害及其综合治理. 云南热作科技，20(2)：42-45.

澳洲坚果果园生物多样性

（一）椿象

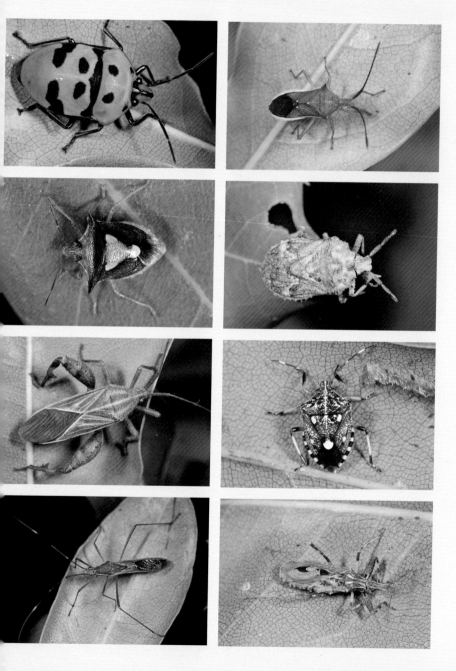

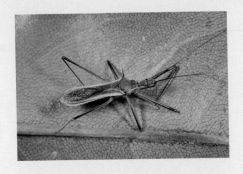

（二）鳞翅目幼虫

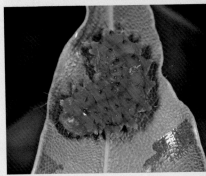

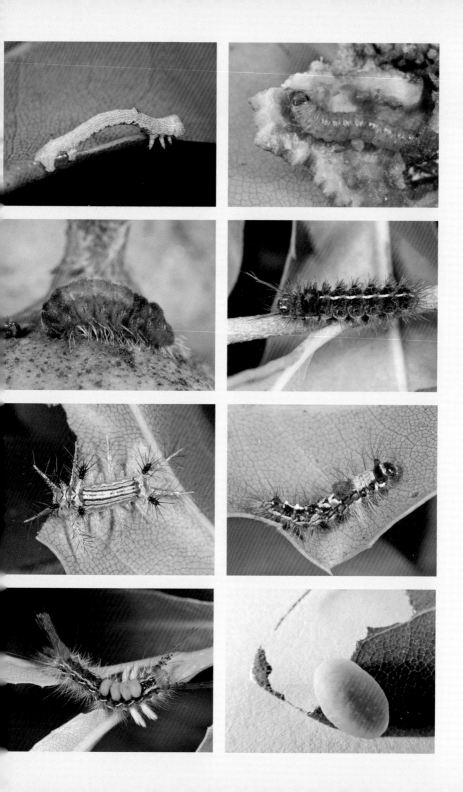

（三）其他种类

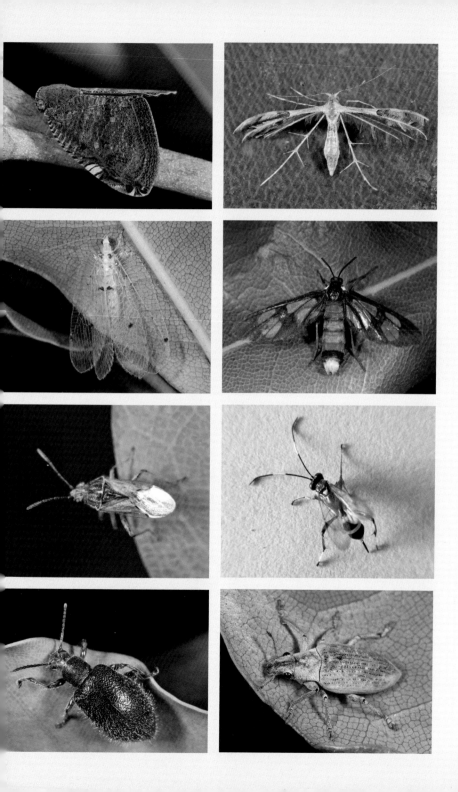

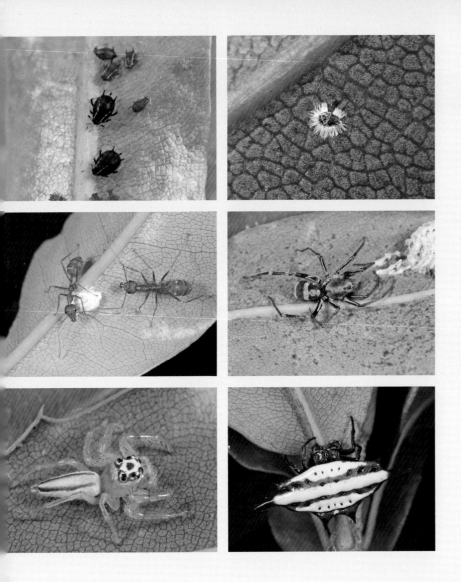